U0150541

岩土工程设计与工程安全研究

郑炎昊 著

东北大学出版社

·沈 阳·

ⓒ 郑炎昊 2024

图书在版编目（CIP）数据

岩土工程设计与工程安全研究 / 郑炎昊著. — 沈阳：
东北大学出版社，2024.3
　ISBN 978-7-5517-3503-2

　Ⅰ. ①岩… 　Ⅱ. ①郑… 　Ⅲ. ①岩土工程－工程设计②
岩土工程－工程施工－安全管理 Ⅳ. ①TU4②U714

中国国家版本馆 CIP 数据核字（2024）第 056026 号

出 版 者：东北大学出版社
　　　　　地址：沈阳市和平区文化路三号巷 11 号
　　　　　邮编：110819
　　　　　电话：024-83680182（总编室） 83687331（营销部）
　　　　　传真：024-83680182（总编室） 83680180（营销部）
　　　　　网址：http://www.neupress.com
　　　　　E-mail: neuph@ neupress.com
印 刷 者：辽宁一诺广告印务有限公司
发 行 者：东北大学出版社
幅面尺寸：185 mm×260 mm
印　　张：11.5
字　　数：264 千字
出版时间：2024 年 3 月第 1 版
印刷时间：2024 年 3 月第 1 次印刷
策划编辑：周文婷
责任编辑：潘佳宁
责任校对：罗　鑫
封面设计：潘正一

ISBN 978-7-5517-3503-2　　　　　　　　　　　　定　价：60.00 元

作者简介

郑炎昊，男，1995年3月出生，吉林省长春人。2023年毕业于英国伦敦大学学院，获得土木、环境和地理工程专业博士学位。2018年获得英国帝国理工学院土力学与环境岩土工程硕士学位；2017年获得在吉林大学勘查技术与工程（工程地质与勘查工程）学士学位。现任职单位：英国伦敦大学学院，担任研究员。研究方向：岩土宏微观力学、岩土工程数值模拟、山体滑坡防治措施。

前 言

岩土工程，作为工程学科的重要分支，主要研究土壤和岩石的工程性质及在工程中的应用。技术的飞速发展和工程建设的日益复杂，使得岩土工程设计与工程安全之间的联系变得更为紧密。工程安全的保障，前提是对岩土工程的深入理解和精确设计。在此背景下，对岩土工程设计与工程安全研究的探讨显得尤为重要。

岩土工程设计的核心在于如何根据现场的地质条件，选择经济、合理且安全的施工方案。这不仅需要对地质环境有深入的了解，而且需要对各种可能的工程风险进行充分的预估。设计中的任何疏忽，都可能导致工程在实际施工或使用中出现安全问题，甚至引发严重的工程事故。

工程安全研究，旨在系统地识别、评估和控制工程中潜在的各种风险，以确保工程的全生命周期安全。这一研究领域涉及面广，包括但不限于地质灾害预防、结构安全性、地下工程稳定性等众多方面。其中的每一个细节都可能影响到整个工程的安全，因此，对工程安全进行深入研究是很有必要的。

将岩土工程设计与工程安全研究相结合，既是为了确保工程在实际操作中能够达到预期的设计效果，也是为了在设计和施工过程中能够提前预防和控制可能出现的各种安全风险。通过不断研究和实践，可以逐步优化设计理念，完善设计方法，从而提高工程的安全性，保障人民的生命财产安全。

由于时间仓促，加之笔者水平有限，本书疏漏之处在所难免，希望读者批评指正！另外，本书撰写过程中，参考了诸多专家、学者的研究成果，由于篇幅有限，不能一一致谢，在此一并感谢！

著者

2023 年 11 月

目 录

第一章　岩土工程概述

>> 第一节　岩土工程定义

一、岩土工程内涵

岩土工程是土木工程的一个重要领域，是研究土壤和岩石的性质、特点及在工程中应用的学科。岩土工程旨在了解土壤和岩石的物理性质、力学性质和水文性质等，了解地下工程环境的特点及对工程结构的影响，通过综合分析以确保工程的设计、施工和运营安全。岩土工程将土壤和岩石作为材料，研究它们在建筑和土木工程中所扮演的角色，以确保工程的稳定、安全和可靠。岩土工程涵盖了土壤力学、岩石力学、地基工程、岩土工程动力学、工程地质以及与以上内容相关的科学分析方法等。

二、岩土工程特征

（一）多学科交叉性

1. 与基础学科交叉

岩土工程以地质学、力学、物理学等基础学科为基础，吸收和运用了这些学科的基本理论和方法，从而具有深厚的理论基础和广泛的应用领域。

2. 与工程学科交叉

岩土工程与结构工程、水利工程、交通工程等工程学科紧密相关。在工程项目中，岩土工程师需要与结构工程师、水利工程师等密切合作，共同解决工程实践中的问题。

3. 与环境科学交叉

随着环境保护意识的提高，岩土工程与环境科学的交叉日益紧密。在废弃物处理、污染场地修复等方面，岩土工程师需要运用环境科学知识，提出可行的工程方案。

（二）实践性和应用导向性

1. 工程地质调查

在项目初期，岩土工程师需要进行详细的地质调查，以了解工程场地的地质条件、地质灾害风险等信息，为工程设计方案提供依据。

2. 工程设计优化

根据工程地质调查结果，岩土工程师需要对工程设计方案进行优化，确保工程设施的安全性和稳定性。

3. 工程施工监控

在施工过程中，岩土工程师需要实时监控工程施工情况，以便及时发现和处理施工中的问题，确保工程质量。

4. 工程运营维护

在工程运营阶段，岩土工程师需要定期检测和维护工程设施，确保其始终处于良好的工作状态。

（三）复杂性和不确定性

1. 地质条件的复杂性

岩石和土壤的性质受多种因素影响，如成分、结构、环境等。这使得岩土工程面临的地质条件具有极大的复杂性。

2. 工程问题的多样性

不同的工程项目面临的工程问题各不相同，如地基处理、边坡稳定、地下工程等。这要求岩土工程师具备丰富的实践经验和专业知识，能够针对不同问题提出有效的解决方案。

3. 不确定性因素的影响

在岩土工程实践中，不确定性因素广泛存在，如地震、滑坡等自然灾害以及人为因素导致的工程事故等。这使得岩土工程师需要在设计和施工中充分考虑不确定性因素的影响，以减少风险。

（四）经济性和社会性

1. 工程投资的经济性

岩土工程通常资金投入量大，因此岩土工程师需要在确保工程安全和质量的前提下，充分考虑工程投资的经济性；需要通过优化设计和施工方法、合理利用资源等方式降低工程造价，提高投资效益。

2. 工程项目的社会性

岩土工程项目往往涉及公共利益和社会责任，岩土工程师需要充分考虑社会影响和社会效益，确保工程项目的实施符合社会需求和公众期望。

三、岩土工程主要研究对象

1. 地质工程

地质工程是岩土工程的基础，主要研究地质环境对岩土工程行为的影响，包括测量和分析地质构造、岩石岩土层的性质、地下水和地下空洞的分布等内容。地质工程的具体研究对象是各种地质现象，如断层、褶皱、斜坡、地震等，以及地下构造、岩土层的性质和变形特征等。

2. 地下水工程

地下水工程主要研究地下水的运动及其对岩土工程的影响，包括地下水的形成、循环、分布和运动规律等内容。地下水工程的具体研究对象是各种地下水现象，如地下水位、水文地质条件、地下水流动速度和方向等。

3. 岩土力学

岩土力学是研究岩土物质力学性质和应力—应变关系的学科，主要研究岩石和土壤的力学性质、变形特性和破坏机制等。岩土力学的具体研究对象包括岩石和土壤的物理力学性质、力学参数和力学模型等。

4. 岩土工程结构

岩土工程结构指利用岩土材料建造的各种工程结构，如土坝、岩堆码头、隧道、地下室等。岩土工程结构的具体研究对象是岩土材料的力学性质、结构设计、加固与防护等。

5. 岩土工程施工

岩土工程施工指对岩土工程的施工过程和施工方法的研究。它主要研究岩土工程施工过程中的各种问题，如开挖、填筑、基坑支护、隧道施工等。岩土工程施工的具体研究对象包括施工方法、施工设备、施工工艺等。

四、岩土工程内容

1. 工程地质学

工程地质学是岩土工程的基础，主要研究地质条件对工程建设的影响，包括地质调查、地质勘探和地质灾害评价等内容。地质调查是通过野外调查和实验室分析，获取地质资料并评估地质条件。地质勘探是在项目选址和设计过程中，通过钻孔、勘探、钻探和地震勘测等手段获得更详细的地质信息。地质灾害评价是评估地质灾害对工程的可能影响，并提出相应的防灾对策。

2. 岩土力学

岩土力学是研究岩石和土壤的力学性质和行为规律的学科。它包括岩土材料的物理性质、力学参数的确定，应力—应变关系以及岩土体的强度和变形等内容。岩土力学的研究对于工程结构的稳定性和安全性非常重要。经过岩土力学的分析和计算，可以评估土壤的承载力、变形特性和岩石的稳定性等。岩土力学还涉及土力学和岩石力学两个方面，分别针对不同的材料进行研究。

3. 岩土工程设计

岩土工程设计是将工程地质学和岩土力学的理论知识应用于实际工程项目的过程。它的内容包括基础工程设计、地下工程设计和边坡工程设计等。基础工程设计主要研究建筑物和桥梁等结构的地基基础的选址和设计。地下工程设计研究地下隧道、地下室和地下管道等工程的设计和施工。边坡工程设计是研究山体边坡的稳定性和防护措施。

4. 环境岩土工程

环境岩土工程是研究岩土工程与环境保护和可持续发展的关系的学科。它主要研究岩土工程在环境保护、自然资源开发和能源利用等方面的应用，内容包括土壤污染治理、地下水资源开发和土地利用规划等。

五、工程应用研究

（一）地基处理与基础工程

1. 地基加固技术
针对不同地质条件，采用如深层搅拌桩、高压喷射注浆等地基加固技术，提高地基的承载力和稳定性。

2. 基础类型选择
根据工程需求和地质条件，合理选择独立基础、筏板基础等不同类型的基础，确保建筑物稳定。

3. 地基沉降控制
优化工程设计和施工方法，控制地基沉降，防止因不均匀沉降导致的工程问题。

（二）边坡稳定与支护工程

1. 边坡稳定性分析
采用极限平衡法、数值模拟等方法进行边坡稳定性分析，预测滑坡等潜在风险。

2. 支护结构设计
设计合理的挡土墙、抗滑桩等支护结构，确保边坡在工程施工和运营期的稳定。

3. 施工监控与预警
通过实时监测和预警系统，及时发现边坡变形等异常情况，并采取相应措施。

（三）地下工程

1. 隧道设计与施工
根据地质条件和工程需求，优化隧道设计，选择合适的施工方法（如盾构法、新奥法等），确保隧道施工安全。

2. 地下水资源利用

通过研究地下水流动规律，合理设计地下水库、地下管线等，实现地下水资源的可持续利用。

3. 地下空间开发

研究地下空间开发技术，如地下综合体、地下交通系统等，提高城市空间利用效率。

（四）环境岩土工程

1. 废弃物处理

研究废弃物填埋场、污水处理厂等的设计和施工，降低工程活动对环境的影响。

2. 污染场地修复

采用生物修复、化学修复等技术，对污染场地进行治理和修复，保护环境安全。

3. 绿色地基处理

研究绿色地基处理技术，如利用工业废弃物、环保材料等进行地基处理，推动工程建设的可持续发展。

六、岩土工程发展趋势

1. 数字化和信息化

随着信息技术的发展，数字化和信息化成为岩土工程发展的重要趋势。例如，利用地理信息系统（GIS）、遥感技术（RS）、全球定位系统（GPS）等技术进行工程地质调查和地质灾害监测；利用数值模拟和仿真技术进行工程设计和优化等。

2. 绿色和可持续发展

面对资源短缺和环境问题日益突出带来的挑战，绿色环保和可持续发展成为岩土工程的重要发展方向。例如，研究绿色地基处理技术、地下水资源保护和利用、环境岩土工程等问题。

3. 智能化和自动化

随着人工智能和自动化技术的发展，智能化和自动化成为岩土工程发展的重要方向。例如，利用智能传感器和物联网技术进行工程监测和预警，利用机器学习和深度学习技术进行数据分析和决策支持等。

4. 国际化和跨文化交流

岩土工程具有广泛的国际性和跨文化性，需要加强国际合作和交流。例如，参与国际工程项目、参加国际学术会议、开展国际合作研究等，以促进岩土工程的全球化发展。

》》 第二节　岩土工程重要性

一、基础工程安全保障

岩土工程作为基础设施建设的重要组成部分，其安全性与可靠性对整个工程项目的成功起着决定性作用。

1. 地基基础设计

地基基础设计是岩土工程的核心环节，其质量直接关系到建筑物的安全稳定。在设计过程中，工程师需要充分考虑地质条件、土壤特性、建筑物荷载等因素，以确保地基基础具备足够的承载能力、抗渗性能和稳定性。为提高设计水平，我国近年来不断推广应用岩土工程软件，以实现自动化、智能化设计，从而提高设计效率和准确性。

2. 施工安全保障措施

岩土工程施工过程中，安全隐患较多，如地下水位变化、土体稳定性问题、地质灾害等。为确保施工安全，工程师须制订科学合理的施工方案，采取一系列安全保障措施。例如，针对软土地基施工，采用预压加固、降水排水、土钉墙等技术，以提高地基承载力和稳定性；在岩溶发育地区施工，进行岩溶填充和加固处理，防止施工过程中发生岩溶塌陷等。

3. 监测技术

岩土工程监测技术是保障工程安全的重要手段，通过对施工现场进行实时监测，收集各类数据，来分析判断工程安全状况，以便及时采取安全措施或调整施工方案。当前，岩土工程监测技术不断发展，出现了如自动化监测设备、无人机遥感技术、大数据分析等新设备、新技术，在提高监测精度的同时，降低了监测成本。应用监测技术，能够发现潜在的安全隐患，确保工程安全顺利进行。

二、环境保护与治理

岩土工程在促进经济发展的同时，也带来了一定的环境问题。为了实现可持续发展，必须在岩土工程施工过程中加强环境保护与治理。

1. 生态环境保护

生态环境保护是岩土工程施工过程中不可或缺的一环。在施工过程中，工程师须充分考虑生态环境保护问题，减少对周边生态环境的破坏。具体措施包括：合理安排施工顺序，减少对周边环境的影响；采用绿色施工工艺，减少污染物排放；加强施工现场管理，确保施工废弃物得到妥善处理。此外，还可运用生态恢复技术，对受损生态环境进行修复和治理。

2. 噪声与震动控制

岩土工程施工过程中的噪声与震动将给周边居民生活造成严重影响。为减轻噪声与震动污染，工程师须制订相应的控制措施。例如选用低噪声设备，降低施工噪声；采取隔声、吸声措施，减少噪声传播；合理布局施工现场，避免震动对周边建筑物产生影响等。这些措施可有效降低噪声与震动污染，保障周边居民生活环境。

3. 地下水保护

地下水是重要资源，岩土工程施工过程中，须加强地下水保护。具体措施包括：开展地下水监测，掌握施工过程中地下水变化情况；采取降水排水措施，防止地下水对施工产生影响；制订防水措施，防止施工废水污染地下水；对于含有特殊岩溶水的地区，须进行岩溶填充和加固处理，防止地下水污染。

三、地质灾害防治

地质灾害是指由地质因素引起的自然灾害，如地震、泥石流、滑坡等。岩土工程能够通过地质灾害的风险评估和预测，提供相关的防治措施。岩土工程师通过对灾害点的地质特征和力学性质的研究，能够制订出相应的工程措施，防止地质灾害的发生或减轻其造成的破坏。岩土工程师还能够进行地质灾害的监测和预警，及时发现灾害隐患，保护人民的生命财产安全。总之，岩土工程在基础工程安全保障、环境保护与治理以及地质灾害防治方面都起着至关重要的作用。岩土工程师通过科学的调查和研究，能够提供准确的数据和参数，为基础工程设计提供支持。岩土工程师还能够应对环境保护和治理的需求，为土壤和地下水污染的治理提供有效的技术手段。因此，岩土工程在现代社会的发展中扮演着不可或缺的角色。

四、资源合理利用

城市化进程涉及人口迁移、基础设施建设、土地利用变化等多个方面的问题。岩土工程是这一进程中不可或缺的支柱，为解决这些问题发挥着至关重要的作用。

1. 土地资源开发与利用

城市化进程中，土地资源的开发与利用至关重要。岩土工程利用地质调查、勘探、评价等手段，为城市规划提供了科学依据。例如，在城市选址、土地平整、地质灾害防治等方面，岩土工程发挥了巨大作用。通过合理利用岩土工程技术，可以有效提高土地资源利用率，为城市发展创造更多空间。

2. 基础设施建设

城市化进程离不开基础设施建设，而岩土工程正是基础设施建设的基石。无论是交通运输、水利、能源等领域，还是地下管网、轨道交通等项目建设，都需要岩土工程提供有力支持。例如，在地铁建设中，岩土工程通过对地下地质条件的掌握，为地铁线路规划、盾构施工提供了重要依据。同时，在高速公路、高铁等交通基础设施建设中，岩土工程也发挥着关键作用。

3. 生态环境保护与治理

如今，在城市化进程中，生态环境保护与治理愈发受到重视，而岩土工程在此方面具有不可替代的作用。例如，在土地整理、矿山修复、地质灾害治理等方面，岩土工程师们通过技术创新，为生态环境的保护与治理提供了有力保障。此外，在城市绿化、景观建设等方面，岩土工程也为植物生长提供了适宜的土壤条件。

4. 防灾减灾

城市化进程中，防灾减灾工作尤为重要，而岩土工程在地震、滑坡、泥石流等自然灾害防治方面具有显著优势。例如，通过对地质条件的深入研究，岩土工程师可以评估潜在的灾害风险，并为防灾减灾措施提供技术支持。此外，在地质灾害预警、应急预案制订等方面，岩土工程也具有重要意义。

5. 人才培养与技术交流

随着城市化进程的推进，岩土工程领域的人才培养和技术交流愈发重要。各类高校、科研院所为岩土工程人才培养提供了有力保障。同时，国内外技术交流与合作不断深化，推动岩土工程技术的创新与发展。这为我国城市化进程提供了有力支持。

五、科技创新与产业升级

岩土工程作为工程学科的重要分支，具有广泛的应用领域和深远的影响力。其科技创新和产业升级不仅关乎工程行业的发展，更与整个社会的经济进步和可持续发展紧密相连。通过研究新型材料、新技术和新方法，岩土工程师们不断推动该领域的科技进步，不断提高工程建设的效率和质量，为产业升级和经济发展作出了重要贡献。

（一）新型材料研究与应用

在岩土工程中，新型材料的研究与应用具有重要意义。随着科技的不断进步，新型材料不断涌现，为岩土工程提供了新的选择和可能。例如，高分子材料、复合材料、纳米材料等，在岩土工程中具有广阔的应用前景。这些新型材料具有优异的力学性能、耐腐蚀性能和环境适应性，能够提高工程设施的安全性和使用寿命。

在新型材料的研究方面，岩土工程师需要与材料科学家和化学家密切合作，共同开展跨学科的研究，通过对新型材料的制备工艺、性能表征和应用领域进行深入研究，推动新型材料在岩土工程中的应用。同时，还需要关注新型材料的可持续性和环保性，确保其在使用过程中对环境的影响最小化。

（二）新技术研发与应用

新技术的研发与应用是岩土工程科技创新的重要组成部分。随着计算机科学、人工智能、物联网等技术的飞速发展，岩土工程面临着前所未有的机遇和挑战。引入岩土工程领域新技术，可以实现工程建设的数字化、智能化和绿色化，提高工程建设的效率和质量。例如，利用人工智能和大数据技术进行地质数据分析和预测，可以优化设计方案，更准确地评估工程风险；采用物联网技术对工程设施进行实时监测和预警，可以及时发现和处理工程中的问题，确保工程的安全运行；运用绿色施工技术和环保材料，可以降低工程建设对环境的影响，实现工程建设的可持续发展。

（三）新方法研究与应用

新方法的研究与应用是岩土工程科技创新的另一重要方面。随着工程实践的不断深入和理论研究的不断发展，新的工程方法和设计理念不断涌现。这些方法和理念在工程实践中得到广泛应用，为工程建设提供了更加科学、高效和可持续的解决方案。例如，基于性能的抗震设计方法考虑了地震对工程设施的影响，利用合理的抗震设计和加固措施，可以确保工程设施在地震中保持安全和稳定；基于风险的决策分析方法综合考虑了工程风险、经济成本和社会效益等因素，为工程项目决策提供科学依据；生态友好的岩土工程方法则强调了工程建设与生态环境的和谐共处，通过采用生物工程和生态修复等技术手段，降低工程建设对生态环境的影响。

（四）产业升级与经济发展

岩土工程的科技创新和产业升级对于整个工程行业的发展具有重要意义。通过研究新型材料、新技术和新方法，推动岩土工程的科技进步，可以提高工程建设的效率和质量，降低工程建设成本和风险，这将有助于推动工程行业的产业升级和经济发展。同时，岩土工程的科技创新还将带动相关产业的发展和技术进步，形成良性的产业生态链和经济循环。

➢➢ 第三节　岩土工程新进展与展望

一、岩土工程发展

（一）深基坑工程监测技术发展

深基坑工程在城市建设中扮演着重要角色，然而其施工过程中存在着难以忽视的安全风险。为了保证施工安全，深基坑工程监测技术得到了长足的发展。传统的监测手段主要依靠人工巡查，工程人员需要不断进入基坑现场，无疑增加了工程管理的难度和风险。然而，随着科技的发展，各种自动化监测系统得到了广泛应用。其中，基于传感器技术的监测系统成为当今的热点研究方向。这些系统能够实时监测基坑的沉降、土压力、地下水位等重要参数，将监测数据传输到操作中心，实现对基坑施工的全程监控。这项技术的出现，极大地提高了基坑工程的安全性和管理效率。

1. 监测技术多样化

随着科技的不断发展，深基坑工程监测技术日趋多样化。传统监测方法包括沉降观测、位移观测、倾斜观测等，而新型监测技术包括光纤传感技术、无人机遥感技术、三维激光扫描技术等。这些监测技术在实际应用中相互补充，为工程提供了全面的、准确的监测数据。

2. 监测数据实时性与智能化

现代监测技术具有实时性、智能化的特点，通过数据采集、处理、分析与传输等环节，实现了对深基坑工程状况的实时监测。例如，采用自动化监测系统，可以对基坑周围的变形、水位、应力等参数进行实时监测，并在参数异常时及时发出预警信号，为工程决策提供科学依据。

3. 监测方法集成与优化

为了提高深基坑工程监测的准确性、可靠性，现代监测技术不断集成与优化。例如，将多种监测方法相互结合，形成综合监测体系，从而提高监测数据的可靠性；通过优化监测方案，确保监测工作的高效、顺利进行等。

（二）地下工程监控自动化系统创新

地下工程是一项复杂的工程，不仅需要监控其施工安全，同时也要监控地下环境，以确保工程对周围环境的影响最小化。传统的地下工程监控主要依靠人工巡查和定期取样分析，虽然能够提供一定的数据，但时效性和准确性都无法保证。为了解决这一问题，地下工程监控自动化系统应运而生。这种系统基于传感器技术、无线通信和大数据分析等先进技术，能够实时监测地下工程的变形、应力、渗流等参数，将数据传输到监控中心进行分析，并在数据异常时发出预警。借助这一系统，工程人员可以远程监控地下工程的各项指标，及时发现问题并采取相应措施，从而确保工程的可靠性和安全性。

1. 现代地下工程监控自动化系统基本构成

现代地下工程监控自动化系统主要包括数据采集、数据传输、数据处理与分析、预警与决策等环节。数据采集设备包括各种传感器、监测仪器等，用于实时监测地下工程的各项参数；数据传输环节通过有线或无线通信技术将监测数据传输至监控中心；数据处理与分析环节通过计算机软件对监测数据进行处理、分析，得出工程状况；预警与决策环节根据分析结果，在出现异常时发出预警信号，为工程决策提供依据。

2. 系统功能创新

地下工程监控自动化系统在功能上不断拓展与创新，包括以下几个方面。

① 远程监控：利用互联网、移动通信等网络技术，对地下工程进行远程监控，方便工程管理人员随时了解工程状况。

② 自动化数据分析：采用数据挖掘、人工智能等技术，对监测数据进行自动化分析，提高数据分析的准确性与效率。

③ 预警与应急处理：根据监测数据及分析结果，实时发出预警信号，并提出相应的应急处理措施，确保工程安全。

④ 信息共享与协同管理：实现多部门、多单位之间的信息共享，提高工程管理

的协同性。

3．系统设备创新

随着技术的进步，地下工程监控自动化系统的设备也在不断创新，举例如下。

① 高精度传感器：开发高精度、高稳定性传感器，提高监测数据的准确性。

② 智能监测仪器：集成多种监测功能，实现一台设备的多参数监测，降低监测成本。

③ 无人机遥感技术：利用无人机进行地下工程监测，提高监测范围和效率。

（三）软土地基处理技术研究与实践

软土地基指土层较为松软、含水量较高的地基，其工程性质较差，难以承受较大的荷载。传统的软土地基处理方法主要包括加固和改良两种。加固方法主要是通过用厚度较大的加固层覆盖软土地基，增加地基的承载能力。改良方法主要是通过注浆、加压排浆、加固桩等手段改变软土地基的物理性质，提高其工程性能。然而，这些方法存在着工期长、成本高和效果难以保证等问题。近年来，随着科技的不断发展，新型软土地基处理技术得到了研究与实践。例如，利用生物、化学等方法改善软土的工程性质，采用纳米技术增强软土的稳定性等。这些创新技术在一定程度上解决了传统方法存在的问题，提高了软土地基处理的效果和经济性。在岩土工程领域，深基坑工程监测技术的发展、地下工程监控自动化系统的创新，以及软土地基处理技术的研究与实践都取得了显著的进展。这些新技术不仅提高了工程的安全性和可靠性，同时也推动了岩土工程的发展。随着科技的不断革新，我们相信岩土工程将取得更多的新进展。

近年来，我国在软土地基处理技术的研究方面取得了显著的成果。研究人员通过理论分析、试验研究、现场监测等手段，对软土地基的处理技术进行了深入探讨。目前，研究主要集中在以下几个方面。

① 地基加固技术：包括预压加固、化学加固、物理加固等。研究人员通过对比分析各种加固技术的优缺点，探讨了适用于不同工程条件的加固方法。

② 地基处理方法：如排水固结法、土钉墙法、沉降补偿法等。研究人员对这些方法的机理、适用范围和效果进行了系统研究，为工程实践提供了理论依据。

③ 地基变形控制技术：研究人员针对软土地基变形大的问题，提出了地基变形控制技术，如采用刚性基础、柔性基础、土层改良等。

二、岩土工程新进展

（一）桩基工程设计理论及其应用

桩基工程作为岩土工程的重要组成部分，在建筑、桥梁、水利等工程领域中具有重要意义。近年来，随着我国基础设施建设的不断推进，桩基工程的设计理论和技术应用得到了快速发展。

1. 桩基设计理论发展

桩基设计理论的发展主要体现在以下几个方面。

① 桩基承载力理论：随着实验技术和计算方法的不断进步，桩基承载力理论得到了深入研究。目前，主要采用摩尔-库仑理论、弹性理论、土压理论等来分析桩基承载力。

② 桩基侧阻力理论：桩基在土层中穿越时，会受到土体的侧阻力。学者们通过大量实验研究，提出了不同的侧阻力计算公式，如库仑土钉理论、滑动楔形理论等。

③ 群桩效应理论：群桩基础在承受荷载时，各桩之间存在相互影响。学者们对此进行了广泛研究，提出了群桩效应系数、群桩基础沉降计算方法等。

2. 桩基工程设计方法及应用

桩基工程设计方法主要包括以下几种。

① 预制桩设计：预制桩是在工厂或施工现场预先制作，然后通过吊装、沉设等工艺安装到预定位置的桩。预制桩具有质量稳定、施工速度快等优点，在桥梁、建筑等领域得到广泛应用。

② 钻孔灌注桩设计：钻孔灌注桩是在钻孔中灌注混凝土形成的桩，具有适应性强、抗震性能好等优点，适用于各种土层和地下水位较高的地区。

③ 钢管桩设计：钢管桩是以钢管为桩身的基础。钢管桩具有强度高、刚度大、抗弯抗压性能好等优点，适用于软弱土层、深厚软土层等。

④ 沉管桩设计：沉管桩是一种在管内灌注混凝土或砂石的预制桩。沉管桩具有施工速度快、成本低等优点，适用于砂土、碎石土等。

（二）深基坑工程监测技术发展

深基坑工程在城市建设中具有重要意义，地铁、高层建筑、地下商城等工程都离不开它。随着基坑开挖深度的不断增加，深基坑工程的安全性和稳定性愈发重要。监测技术在保障深基坑工程安全施工方面起到了关键作用。下面就深基坑工程监测技术的发展进行阐述。

1. 深基坑监测技术概述

深基坑监测技术主要包括以下几个方面。

① 地表沉降监测：观测基坑周边地表的沉降情况，分析基坑开挖对周边环境的影响。

② 建筑物变形监测：监测基坑周边建筑物在施工过程中的变形情况，确保建筑物安全。

③ 地下水位监测：监测地下水位变化，以确保基坑施工过程中的稳定性。

④ 支撑结构监测：对基坑周围的支撑结构进行监测，确保其承载力和稳定性。

2. 深基坑监测技术发展

① 自动化监测技术：随着计算机技术、传感器技术的发展，自动化监测技术逐渐应用于深基坑工程，如远程监控系统、智能传感器等，提高了监测效率和准确性。

② 无人机监测技术：无人机具有航拍、遥感和定位等功能，可快速获取基坑周边地形、地貌、建筑物等信息，为基坑工程监测提供数据支持。

③ 数值模拟技术：利用数值模拟技术，可以模拟基坑施工过程中的应力、应变、位移等变化，为监测方案的制订提供理论依据。

④ 大数据分析技术：对海量监测数据的挖掘和分析，可以揭示基坑工程中的规律性和潜在风险，为施工安全提供保障。

（三）地下工程监控自动化系统创新

随着科技的发展，地下工程监控自动化系统在岩土工程中扮演着越来越重要的角色，在其支持下，地下工程的安全性、效率和可持续性得到了显著提高。

1. 智能监测技术应用

地下工程监控自动化系统采用智能监测技术，可以实时收集地下工程的各种数据，如地下水位、土压力、变形等。分析这些数据，有助于预测潜在的风险，为工程决策提供科学依据。

2. 数据分析与预警系统

分析监控数据，可以及时发现地下工程的异常情况，如渗水、裂缝等。预警系统可以在风险发生前发出警报，提醒相关人员采取措施，确保工程和人员安全。

3. 自动化控制技术的应用

自动化控制技术在地下工程中得到了广泛应用，如隧道施工中的盾构机、隧道通风系统等设备的自动化控制，提高了工程的施工效率和安全性。

4. 无人机与机器人技术

无人机和机器人在地下工程监控中的应用，为现场巡查提供了便利。它们可以深入危险区域，实时传送图像和数据，从而降低人员伤亡的风险。

5. 信息化管理

地下工程监控自动化系统将各种数据进行整合，形成了一个信息平台。这有助于实现工程的精细化管理，提高项目的质量和效益。

（四）软土地基处理技术研究与实践

软土地基处理技术在岩土工程中具有重要意义。针对软土地基的特点，研究人员提出了多种处理方法，并在实践中取得了良好效果。

1. 预压法

预压法指通过预先对软土地基进行加载，使其提前固结，提高地基承载力。常用的预压方法有堆载预压、真空预压等。

2. 压实法

压实法指通过振动或冲击压实软土地基，使其密度增大，从而提高地基承载力。常用的压实方法有振动压实、冲击压实等。

3. 固化法

固化法指将化学剂注入软土地基，使其与土体发生化学反应，形成固体胶结物，从而提高地基强度。常用的固化剂有水泥、石灰等。

4. 排水法

排水法指通过增加排水管道，提高软土地基的排水能力，减小孔隙水压力，从而提高地基承载力。常用的排水方法有井点排水、砂井排水等。

5. 土钉墙法

土钉墙法指在软土地基中设置钢筋混凝土桩或钢筋混凝土墙体，并通过锚杆或钢筋焊接将其固定。土钉墙具有良好的支护效果和较高的稳定性。

6. 复合地基技术

复合地基技术是将软土地基与刚性桩或其他强化材料相结合，形成一种具有较高承载力和抗渗性能的地基的技术。常用的复合地基形式有搅拌桩复合地基、碎石桩复合地基等。

三、岩土工程技术创新

（一）岩土工程中新型材料的创新运用

随着科技的不断进步，新型材料的研究和应用已经成为岩土工程领域的重要发展方向。这些新型材料具有优异的力学性能和耐久性，能够有效地提高工程设施的安全性和使用寿命。下面从新型材料的种类、性能及其在岩土工程中的创新应用等方面进行探讨。

1. 新型材料种类及性能

（1）高性能混凝土：高性能混凝土具有高强度、高耐久性和高工作性能等特点。优化配合比、添加掺合料和高效减水剂等措施，可以有效地提高混凝土的力学性能和耐久性，降低其开裂和渗透风险。

（2）超高性能混凝土（UHPC）：超高性能混凝土是一种具有超高强度和超高耐久性的混凝土材料，其抗压强度可达 200 MPa 以上，同时具有优异的抗渗性、抗冻融性和耐腐蚀性。UHPC 在桥梁、高层建筑和隧道等工程中具有广泛的应用前景。

（3）玻璃纤维增强塑料（GFRP）：玻璃纤维增强塑料是一种轻质、高强度的复合材料，具有优异的耐腐蚀性和电绝缘性，同时重量仅为同体积钢材的1/4左右。GFRP 在岩土工程中的应用主要集中在加固和修复工程结构，以及制作耐腐蚀的管道和容器等方面。

（二）纳米材料

纳米材料具有独特的物理和化学性质，如高比表面积、高反应活性等。将纳米材料添加到混凝土中，可以有效地改善混凝土的力学性能、耐久性和工作性能。例如，纳米二氧化硅可以填充混凝土中的微观孔隙，提高混凝土的密实度和抗渗性。

（1）高性能混凝土在基础工程中的应用。高性能混凝土在基础工程中的应用主要体现在以下几个方面：一是作为桩基材料，可以有效地提高桩基的承载力和稳定性；二是作为地下室结构材料，可以降低地下室的开裂和渗透风险，提高地下室的安全性和使用寿命；三是作为大体积混凝土结构材料，可以有效地控制混凝土的温度裂缝，提高结构的整体性和稳定性。

（2）UHPC在桥梁工程中的应用。UHPC在桥梁工程中的应用主要体现在以下几个方面：一是作为桥面板材料，可以有效地提高桥面的承载力和耐久性；二是作为预应力混凝土结构材料，可以降低结构的自重和截面尺寸，提高结构的跨越能力和抗震性能；三是作为桥梁加固和修复材料，可以有效地提高桥梁的承载力和使用寿命。

（3）GFRP在边坡支护工程中的应用。GFRP在边坡支护工程中的应用主要体现在以下几个方面：一是作为锚杆材料，可以有效地提高边坡支护结构的抗拉强度和稳定性；二是作为格栅材料，可以与土壤形成有效的复合结构，提高边坡的整体稳定性和抗冲刷能力；三是作为边坡防护网材料，可以有效地防止落石和滑坡等地质灾害的发生。

（4）纳米材料在混凝土改性中的应用。纳米材料在混凝土改性中的应用主要体现在以下几个方面：一是作为掺合料添加到混凝土中，可以有效地改善混凝土的力学性能、耐久性和工作性能；二是作为涂层材料涂覆在混凝土表面，可以提高混凝土的抗渗性和抗腐蚀性；三是作为功能添加剂用于制作特种混凝土，如导电混凝土、自修复混凝土等。

（三）岩土工程测量与检测技术创新与运用

随着科技的不断进步，岩土工程测量与检测技术也在不断创新和发展。这些技术的创新运用，为岩土工程的设计、施工和监测提供了更加准确、高效和便捷的手段。下面从技术原理、创新应用和发展趋势等方面，探讨岩土工程测量与检测技术的创新与运用。

1. 技术原理

（1）岩土工程测量技术。岩土工程测量技术主要包括传统的测量方法和新型的测量方法。传统的测量方法主要包括水准测量、经纬仪测量、全站仪测量等，这些方法具有精度高、可靠性强的特点，但操作烦琐、效率低下。新型的测量方法主要包括卫星定位测量、激光雷达扫描、无人机航测等，这些方法具有自动化程度高、测量速度快、精度高等特点，可以大大提高测量效率和精度。

（2）岩土工程检测技术。岩土工程检测技术主要包括无损检测和有损检测。无损检测又包括超声波检测、雷达检测、红外线检测等，这些方法可以在不破坏结构的情况下，对结构内部进行检测，发现结构内部的缺陷和损伤。有损检测则包括钻心取样检测、压水试验等，这些方法需要对结构进行一定的损伤，以获得更加准确的检测结果。

2. 创新应用

（1）卫星定位测量在岩土工程中的应用。卫星定位测量技术具有全球覆盖、高精度、高效率等特点，可以广泛应用于岩土工程的测量中。例如，在大型工程中，可以利用卫星定位技术对工程进行高精度的测量和定位，以提高工程的精度和质量；在变形监测中，可以利用卫星定位技术对结构进行实时监测，以及时发现结构的变形和位移，采取措施进行修复和加固。

（2）激光雷达扫描在岩土工程中的应用。激光雷达扫描技术具有高精度、高效率、非接触等特点，可以广泛应用于岩土工程的测量和监测中。例如，在隧道工程中，可以利用激光雷达扫描技术对隧道进行快速的三维建模和变形监测，提高隧道的安全性和稳定性；在边坡工程中，可以利用激光雷达扫描技术对边坡进行高精度的地形测绘和变形监测，以及时发现边坡的变形和滑动，采取措施进行加固和防护。

（3）无损检测技术在岩土工程中的应用。无损检测技术可以在不破坏结构的情况下，对结构内部进行检测，发现结构内部的缺陷和损伤。例如，在桥梁工程中，可以利用超声波检测技术对桥梁的结构进行内部缺陷检测和厚度测量，以及时发现桥梁的缺陷和损伤，采取措施进行修复和加固；在地下工程中，可以利用雷达检测技术对地下管线进行检测和定位，以及时发现地下管线等损坏，采取措施进行修复。

3. 发展趋势

（1）智能化与自动化。随着人工智能和自动化技术的不断发展，未来的岩土工程测量与检测技术将更加智能化和自动化。例如，可以利用人工智能技术对测量数据进行自动处理和分析，提高测量效率和精度；可以利用自动化技术实现检测设备的自主导航和操作，提高检测效率和安全性。

（2）数字化与信息化。随着数字化和信息化技术的不断发展，未来的岩土工程测量与检测技术将更加数字化和信息化。例如，可以利用数字化技术对工程进行三维建模和可视化展示，提高工程的设计和施工质量；可以利用信息化技术对检测数据进行实时传输和处理，实现远程监测和诊断。

（3）绿色化与可持续化。随着环保意识和可持续发展理念不断深入人心，未来的岩土工程测量与检测技术将更加绿色化和可持续化。例如，可以利用环保材料和节能技术对检测设备进行改造和优化，降低设备的能耗和对环境的影响；还可以利用循环经济和资源回收技术对废弃物进行处理和利用，实现资源的循环利用。

（四）岩土工程设计软件创新发展与运用

随着科技的不断进步，岩土工程设计软件也在不断创新和发展。这些软件的创新和广泛运用，为岩土工程师提供了更加高效、准确和便捷的设计工具，推动了岩土工程领域的技术进步。下面从软件特点、创新应用和发展趋势等方面，探讨岩土工程设计软件的创新发展与运用。

1. 软件特点

（1）功能强大。岩土工程设计软件具有强大的功能，可以设计和分析各种复杂的岩土工程。例如，利用软件进行地质建模、边坡稳定性分析、地下水流模拟等，可以为工程师提供更加全面和准确的设计依据。

（2）操作简便。岩土工程设计软件通常具有友好的用户界面和简便的操作方式，工程师可以通过简单的操作完成复杂的设计和分析任务。此外，软件还提供了丰富的教程和帮助文档，方便工程师快速掌握软件的使用方法。

（3）高度集成。岩土工程设计软件通常具有高度集成的特点，可以将各种设计和分析模块集成在一个平台上，实现数据的共享和交换。这样不仅可以提高设计效率，还可以避免数据转换和传递过程中的错误。

2. 创新应用

（1）智能化设计。利用人工智能和机器学习技术，可以实现岩土工程设计的智能化。例如，利用神经网络和决策树等算法，可以对设计参数进行自动优化和选择，提高设计效率和准确性。此外，利用智能算法对设计结果进行自动校核和审查，还可以避免人为错误和疏漏。

（2）数字孪生技术。数字孪生技术是一种利用物理模型、传感器更新、历史数据等实现的对物理实体的虚拟映射技术。在岩土工程设计中，可以利用数字孪生技术对实际工程进行虚拟仿真和优化设计。例如，建立数字孪生模型对边坡稳定性进行分析和优化，可以预测边坡的变形和破坏模式，为实际工程提供指导和依据。

（3）虚拟现实技术。虚拟现实技术是一种可以创建和体验虚拟世界的计算机技术。在岩土工程设计中，可以利用虚拟现实技术对设计成果进行三维可视化展示和交互操作。例如，利用虚拟现实技术对隧道工程进行三维建模和漫游，可以让工程师更加直观地了解隧道的设计方案和施工效果。

3. 发展趋势

（1）云计算与大数据技术。随着云计算和大数据技术的不断发展，未来的岩土工程设计软件将更加"云端化"和数据化。例如，利用云计算技术实现设计数据的云端存储和共享，可以提高数据的安全性和可访问性；利用大数据技术对设计数据进行深度挖掘和分析，可以发现数据中的规律和趋势，为设计提供更加科学的依据。

（2）人工智能与机器学习技术。随着人工智能和机器学习技术的不断发展，未来的岩土工程设计软件将更加智能化和自主化。例如，利用深度学习技术对设计参数进行自动学习和优化，可以实现设计的自动化和智能化；利用强化学习技术对设计方案进行自动调整和优化，可以提高设计的适应性和鲁棒性。

（3）数字化与智能化施工技术。随着数字化和智能化施工技术的不断发展，未来的岩土工程设计软件将更加注重与施工技术的融合。例如，利用数字化技术对施工方案进行虚拟仿真和优化设计，可以提高施工的安全性和效率；利用智能化技术对施工过程进行实时监控和调整，可以实现施工的自动化和智能化。

第二章 地基与基础

▶▶ 第一节 地基土分类及工程特性

一、土的生成

土是地球表面最基本的自然材料，其生成与地质作用、气候条件、生物活动以及人类活动等因素密切相关。下面重点探讨土的生成过程，包括岩石风化、物理风化、化学风化、生物风化等方面。

1. 岩石风化

岩石风化是土生成的重要过程之一，主要指岩石在自然环境下，受到大气、水、冰、生物等作用力的侵蚀、磨蚀和破碎，逐渐转化为土壤。岩石风化可分为物理风化、化学风化和生物风化等阶段。

2. 物理风化

物理风化指岩石在外力作用下，由于矿物颗粒间的黏结力减弱、颗粒内部结构破坏，导致岩石破碎、分裂。物理风化作用力包括温度、湿度、冰冻、干旱等，其结果是使岩石颗粒逐渐变细，为土壤形成提供颗粒来源。

3. 化学风化

化学风化指岩石在水分、氧气、二氧化碳等作用下，发生化学反应，分解成更小的颗粒和溶解物质。化学风化作用力包括水分、大气降水、生物分泌物等，其结果是使岩石中的矿物质溶解，形成土壤中的矿物质成分。

4. 生物风化

生物风化指生物活动对岩石的破坏和转化作用。生物的分泌物、根系，死亡生物体等有机物质与岩石表面发生作用，加速了岩石物理和化学风化过程。此外，生物风化还可通过生物地球化学过程，将岩石中的营养物质转化为有机质，为土壤形成提供有机物质基础。

二、土的工程分类标准

为了便于评价土的工程特性和适宜性，有必要对土进行科学的分类。土的工程分类方法有多种，下面介绍几种常见的土分类体系。

1. 国际制土壤质地分类标准

国际制土壤质地分类标准是根据砂粒（2~0.020 mm）、粉砂（0.020~0.002 mm）和黏粒（<0.002 mm）三粒级含量的比例，划定 12 个质地种类。查询质地名称的方法是通过三角图，找到颗粒的定点（100%），按三个粒级含量分别做各顶点对应的三角形的底边平行线，三条线相交点即为所查质地。

2. 我国《建筑地基基础设计规范》中的地基土分类

《建筑地基基础设计规范》根据土的开挖难易程度，将土分为软松土、普通土、坚土。同时，根据土的颗粒组成、含水量、密实度等工程性质，将土进一步细分为黏性土、粉土，砂类土、砾石类、碎（卵）石，干黄土、含有碎石卵石等。

3. 工程地质学中的土分类

工程地质学将土分为岩石、碎石土、砂土、黏性土等。岩石可分为硬质与软质，以及微风化、中风化、强风化、全风化和残积土；碎石土分为漂石、块石、软石、碎石、圆砾和角砾碎石；砂土分为砾砂、粗砂、中砂、细砂和粉砂，以及密实、中密、稍密和松散砂土；黏性土可分为黏土、粉质黏土，以及坚硬、硬塑、可塑、软塑和流塑等。

4. 土的工程分类其他方法

还有根据土的颗粒组成、土的水分含量、土的密实度、土的颜色、土的有机质含量等因素进行分类的方法。

三、地基土类型

地基土是建筑物基础底部所承受的土壤类型。地基土的类型繁多，根据土壤的成因、土粒大小、物理性质和力学性质等，可以将地基土分为以下几种类型。

1. 岩石地基

岩石地基是由岩浆岩、沉积岩和变质岩等构成的地基。岩石地基具有较高的强度和较好的稳定性，适用于建筑物基础。

2. 碎石土

碎石土主要由粒径大于 2 mm 的碎石、砾石组成。碎石土具有较好的排水性能和抗压性能，但压缩性较高，适用于高层建筑和重型设备的基础。

3. 砂土

砂土主要由粒径小于 2 mm 的颗粒组成，包括河砂、海砂和山砂等。砂土的压缩性一般较低，抗压强度随着粒径的减小而降低，适用于轻型建筑物的基础。

4. 粉土

粉土主要由粒径小于 0.075 mm 的颗粒组成，包括粉土、黏土和有机土等。粉土的压缩性较高，抗压强度较低，适用于中小型建筑物的基础。

5. 黏土

黏土主要由黏土矿物组成，具有较高的塑性和压缩性。黏土适用于低层建筑和重型设备的基础。

6. 有机土

有机土是含有机质较高的土壤，如泥炭、沼泽土等。有机土具有较高的压缩性和渗透性，适用于轻型建筑物的基础。

7. 混合土

混合土由两种或两种以上的土壤混合而成，如砂黏土、砂砾土等。混合土的性质介于各组成部分之间，适用于不同类型建筑物的基础。

8. 特殊性土壤

特殊性土壤包括黄土、膨胀土、软土等，具有特殊的工程性质，需要经过处理后才能用作建筑地基。

四、地基土特点

1. 物理性质

地基土的物理性质包括密度、湿度、含水量、孔隙比等。不同类型的地基土具有不同的物理性质，直接影响建筑物的稳定性和耐久性。

2. 力学性质

地基土的力学性质包括抗压强度、抗拉强度、抗剪强度等。地基土的力学性质与土壤类型、颗粒大小、土体结构和应力状态等因素密切相关。

3. 压缩性

地基土的压缩性指土壤在压力作用下体积减小的特性。地基土的压缩性大小与土壤类型、含水量、应力状态等因素有关。压缩性较高的地基土容易引起建筑物的不均匀沉降，影响建筑物的安全。

4. 渗透性

地基土的渗透性指土壤中的液体在压力作用下通过土粒间的孔隙流动的能力。地基土的渗透性对建筑物的排水性能和抗渗性能具有重要意义。

5. 抗侵蚀性

地基土的抗侵蚀性指土壤抵抗侵蚀作用的能力。抗侵蚀性较低的地基土容易受到水、风等自然力的侵蚀，影响建筑物的稳定性。

6. 地基土与建筑物基础相互作用

地基土与建筑物基础的相互作用体现在基础承受力、基础沉降、基础裂缝等方面。了解地基土与建筑物基础的相互作用有助于确保建筑物的安全和稳定。

7. 地基土的改良与处理

针对不同类型的地基土特点，可以采用多种方法进行改良和处理，如压实、换填、注浆等。地基土的改良与处理对提高建筑物的稳定性和降低基础工程成本具有重要意义。

≫ 第二节　工程地质勘查

一、工程地质勘查目的

1. 查明地质条件

工程地质勘查的首要目的是查明工程建设区的地质条件，包括地层结构、岩性、地质构造、水文地质条件、物理地质作用等。这些地质条件对工程建设的安全性和稳定性具有重要影响，因此必须详细了解。

2. 评价工程地质问题

工程地质问题指与工程建设相关的地质现象和地质作用，如滑坡、泥石流、地面塌陷、地震液化等。这些问题可能对工程建设造成严重的危害和影响，因此必须在工程地质勘查中进行评价，为工程设计和施工提供重要的参考依据，确保工程的安全性和稳定性。

3. 确定地基基础类型和设计参数

工程地质勘查还需要根据工程建设的需要，确定合适的地基基础类型和设计参数。例如，根据地质条件和工程要求，选择适当的基础类型，如天然地基、桩基、地下连续墙等，并确定其设计参数，如承载力、沉降等。这些设计参数对工程建设的安全性和经济性具有重要意义，必须通过工程地质勘查进行确定。

4. 为施工提供指导和依据

工程地质勘查的成果可以为施工提供指导和依据。例如，通过工程地质勘查可以了解工程建设区的地质条件和工程地质问题，为施工方案的制订提供依据，同时还可以提供地基基础设计参数和施工方法建议，为施工提供指导。这些指导和依据可以有效地提高施工效率和质量，降低施工风险。

5. 预测和预防地质灾害

工程地质勘查还可以预测和预防地质灾害的发生。通过对工程建设区的地质条件和工程地质问题进行深入研究和分析，可以预测可能发生的地质灾害类型和规模，提出相应的预防和治理措施。这些措施可以有效地降低地质灾害对工程建设的影响和风险，保障工程的安全性和稳定性。

6. 提高工程建设的经济效益和社会效益

对工程建设区的地质条件和工程地质问题进行深入研究和分析，可以优化工程设计方案和施工方法，降低工程造价和施工风险；同时还可以为工程建设的后期运营和维护提供可靠的地质资料和依据，提高工程的使用寿命和安全性。这些经济效益和社会效益对于工程项目的成功建设和运营具有重要意义。

二、工程地质勘查任务

1. 研究地质构造和地层结构

工程地质勘查的首要任务是研究工程建设区的地质构造和地层结构，包括了解地层厚度、分布、岩性及它们的工程性质，分析断裂、褶皱、节理等地质构造的形态、规模、产状及它们对工程的影响。这些基础研究可以为后续工程设计和施工提供关键的地质参数。

2. 评估地下水条件

地下水是工程建设中需要考虑的重要因素。工程地质勘查需要评估地下水的埋藏条件、水位变化、水质，及它们对工程的影响。地下水不仅关系到基础的稳定性和施工条件，还可能影响到工程材料的使用寿命和工程的安全性。

3. 鉴定不良地质现象和特殊性岩土

在工程地质勘查中，需要对滑坡、泥石流、地面塌陷等不良地质现象进行详细的调查和鉴定，分析其形成条件、发展趋势和危害程度。同时，还需要对特殊性岩土如软土、膨胀土、湿陷性黄土等进行鉴定和评价，提出相应的工程处理措施。

4. 划分工程地质评价和分区

基于前述各项研究，工程地质勘查需要综合评估工程建设区的工程地质条件，进行工程地质评价和分区。这有助于针对不同区域的地质特点，制订合理的工程设计方案和施工方法，确保工程的安全性和经济性。

5. 提供基础设计参数和建议

工程地质勘查的成果需要为基础设计提供关键参数和建议，包括地基承载力、变形模量、桩基设计参数等。这些参数的准确性和合理性直接关系到工程的安全性和使用寿命。因此，工程地质勘查需要提供可靠的基础设计参数和建议，为工程设计提供重要支撑。

6. 预测可能的地质灾害并提出防治措施

工程地质勘查还需要预测工程建设过程中可能遇到的地质灾害，如地震、地面塌陷等，并提出相应的防治措施，包括抗震设防建议、地基加固措施等，以确保工程在极端地质条件下的安全性和稳定性。

7. 为施工提供地质技术支持和保障

工程地质勘查的成果可以为施工提供重要的地质技术支持和保障。例如，提供详细的地质剖面图、地质构造图等，可以为施工方案的制订提供重要参考；提供地基处理方法建议，可以为施工提供技术支持和指导。这些支持和保障可以有效地提高施工效率和质量，降低施工风险。

综上所述，工程地质勘查的任务是多方面的，涵盖了从基础研究到工程应用的全过程。其目标是确保工程建设的安全性、稳定性和经济效益，为工程项目的成功建设和运营提供可靠的地质保障。

三、工程地质勘查的阶段划分

1. 可行性研究阶段

可行性研究阶段的主要任务是对工程建设项目所在区域的地质条件进行初步调查和评价，确定工程建设的可行性。在这个阶段，勘查人员需要进行地质调查、地形地貌调查、水文地质调查、工程地质调查等，并对调查结果进行综合评价，确定工程建设的可行性。

2. 初步勘查阶段

初步勘查阶段的主要任务是对工程建设项目所在区域的地质条件进行详细调查和评价，确定工程建设的具体方案和范围。在这个阶段，勘查人员需要进行钻探、地质雷达探测、岩土试验等，并对勘查结果进行综合评价，确定工程建设的具体方案和范围。

3. 施工勘查阶段

施工勘查阶段的主要任务是对工程施工过程中的地质条件进行实时监测和评价，确保工程施工的顺利进行。在这个阶段，勘查人员需要进行现场监测、岩土试验等，并对监测结果进行实时评价，及时发现和解决工程施工中的地质问题。

4. 竣工验收阶段

竣工验收阶段勘查人员需要对施工过程中的地质问题进行总结和评价，并对工程建设的质量和可靠性进行评估。

综上所述，工程地质勘查的阶段划分包括可行性研究阶段、初步勘查阶段、详细勘查阶段、施工勘查阶段和竣工验收阶段。每个阶段都有其特定的任务和内容，勘查人员需要根据不同阶段的任务和内容，采取不同的勘查方法和手段，确保工程建设的顺利进行。

≫ 第三节 地基

一、地基定义

地基是建筑物、构筑物或其他工程结构物的基础部分。它承受着结构物的全部荷载，并将这些荷载传递到地基以下的土层或岩层中。地基是建筑物稳定性的关键，其性能直接影响到建筑物的使用寿命和安全性。

地基的定义可以从以下几个方面进行阐述。

1. 承载能力

地基是建筑物的基础，承受着建筑物上的所有荷载。地基的承载能力是指地基所能承受的最大荷载能力，是地基设计的重要依据。

2. 土层或岩层

地基是建筑物荷载传递的介质，通常为土层或岩层。在工程实践中，地基的土层或岩层可能会受到各种因素的影响，如外部荷载、水文条件、地质条件等。因此，了解地基土层或岩层的性质，对建筑物的设计和施工具有重要意义。

3. 基础结构

地基基础结构是建筑物荷载传递的载体，主要包括混凝土基础、砖石基础等。基础结构的设计和施工质量对建筑物的稳定性和安全性至关重要。

4. 地基处理

为了提高地基的承载能力和稳定性，工程实践中常常需要对地基进行处理。地基处理方法包括压实法、桩基法、土钉墙法等。地基处理技术的选择和施工质量对建筑物的性能和安全性具有显著影响。

5. 地基与建筑物相互作用

在建筑物使用过程中，地基与建筑物之间存在相互作用。地基的变形、沉降、裂缝等现象可能会影响建筑物的性能和使用寿命。因此，研究地基与建筑物的相互作用对于保证建筑物的安全性具有重要意义。

6. 环境影响

地基所处的环境因素对其性能和稳定性具有显著影响。这些环境因素包括外部荷载、水文条件、气候条件、人为因素等。在进行地基设计时，需要充分考虑这些环境因素的影响。

7. 经济条件

地基设计与施工需要考虑经济条件，力求在满足建筑物性能和安全性的前提下，尽量降低工程成本。因此，在经济条件允许的范围内，选择合适的地基处理方法和技术对于保证工程项目的经济效益具有重要意义。

二、地基分类

地基是建筑物的基础部分，起到承载建筑物重量并将荷载传递到地下土层的作用。根据地基的材料、形式和施工方法等因素，地基可以分为以下几种类型。

（一）承载力地基

承载力地基是通过增加地基的面积或深度来增加承载力的一种地基类型。常见的承载力地基有浅基础和深基础地基。

1. 浅基础地基

浅基础地基是埋深较浅，一般在 0.5~5 m 的地基。浅基础地基常用于土质较好、地下水位较低的地区。常见的浅基础地基有台阶基础、板基础、肋状基础等。

2. 深基础地基

深基础地基是埋深较深，一般大于 5 m 的地基。深基础地基通常用于土质差、地下水位较高的地区，以增加建筑物地基的承载力。常见的深基础地基有桩基础、悬挂基础、连续墙基础等。

（二）强固地基

1. 加固板桩地基

加固板桩地基是通过在原有地基上打入钢板桩或混凝土桩来改善地基的承载力和稳定性的一种地基。这种地基常用于土层较弱的区域，可以有效提高地基的抗震能力。

2. 挤密土地基

挤密土地基是通过挤密地基土层，增加土层颗粒间的接触面积和土体的密实度来提高地基的稳定性和承载能力的一种地基。常见的挤密土的方法有静力压实法和振动压实法。

3. 混凝土加固地基

混凝土加固地基是通过在地基中添加柱状或梁状的混凝土加固体来增加地基的强度和稳定性的一种地基。这种地基常用于软土地区，可以有效提高地基的承载能力。

地基主要依据材料、形式和施工方法等因素进行分类。不同类型的地基适用于不同的地质和工程，选择合适的地基类型对于建筑物的稳定性和承载能力至关重要。

三、地基特性

地基是建筑物或其他结构的基础，其特性对于工程的安全性和稳定性至关重要。

（一）承载特性

地基的首要特性是承载能力。它必须能够承受上部结构施加的荷载，并将其传递到更深处。这种承载能力取决于地基的岩土类型和物理力学性质。例如，岩石地基通常具有较高的承载能力，而软土地基的承载能力则较低。为了确保工程的安全性，必须对地基的承载能力进行准确评估。

（二）变形特性

地基在承受荷载时会发生变形。这种变形可能是弹性变形，也可能是塑性变形。弹性变形在荷载移除后可以恢复，而塑性变形是永久性的。地基的变形特性对于上部结构的稳定和使用寿命具有重要意义。过大的变形可能导致出现结构开裂、沉降不均等问题。因此，在工程设计和施工中，必须考虑地基的变形特性，采取适当的措施进行控制。

（三）渗透特性

地基中的土壤和岩石通常具有一定的孔隙，允许水分渗透。这种渗透特性对于工程的安全性和稳定性具有重要影响，例如，当地下水位较高时，水分可能通过地基向上渗透，导致地下室潮湿、基础破坏等问题。因此，在地基设计和施工中，必须考虑地基的渗透特性，采取防水措施，使工程具有更高的安全性。

（四）动力特性

地基在地震等动力荷载作用下会表现出动力特性。这种动力特性对于工程的地震安全性具有重要意义。地震时，地基可能发生液化、震陷等，导致上部结构破坏。因此，在工程设计和施工中，必须考虑地基的动力特性，采取抗震措施，保证工程在地震作用下具有更高的安全性。

（五）环境特性

地基所处的环境条件也会影响其特性，例如，温度变化、化学腐蚀等因素可能导致地基材料的性质发生变化，影响其承载能力和稳定性。因此，在地基设计和施工中，必须考虑环境因素对其的影响，采取相应的防护措施，确保工程长期使用的安全性。

（六）施工特性

地基的施工特性也是其重要特性。不同类型的地基需要采用不同的施工方法和设备，例如，深基础施工可能需要采用钻孔灌注桩、地下连续墙等工艺，而浅基础施工可能采用筏板基础、独立基础等工艺。施工方法的选择和设备的使用，对于地基的质量和成本具有重要影响，因此，在地基设计和施工中，必须充分考虑施工特性和经济效益，制订合理的施工方案。

四、地基构件

地基是土木工程中至关重要的部分。它由一系列构件组成，以确保建筑物或其他结构物的稳定性和安全性。

（一）垫层

垫层是地基的最上层，通常由碎石、沙子或混凝土等材料构成。其主要作用是分散建筑物或其他结构物的荷载，防止土壤侵蚀，以及提供一个平整的工作面便于后续施工。垫层的厚度和材料应根据地质条件和工程要求进行设计和选择。

（二）基础

基础是地基的核心部分，承受着建筑物的全部重量，并将其传递到更深层的地质层中。基础的类型有多种，如独立基础、条形基础、筏板基础等。独立基础适用于荷载较小、地质条件较好的工程，条形基础适用于荷载较大、地质条件一般的工程，而筏板基础则适用于荷载非常大或地质条件复杂的工程。

（三）桩基

桩基是一种深基础地基，通常由钢筋混凝土或木材制成。它适用于地质条件较差（如地质为软土、淤泥等），或上部结构荷载较大，需要更深层的地质支撑的情况。桩基深入地下较深的坚硬地层，能够承受更大的荷载，并将荷载传递到更深的地质层中。

（四）地下连续墙

地下连续墙是一种用作基坑支护和结构永久使用的地下结构。它由钢筋混凝土制成，连续嵌入地下，能够承受水平和垂直荷载。地下连续墙的优点是具有较大的刚度和承载能力，适用于基坑较深、周围建筑物密集或地质条件复杂的工程。

（五）锚杆和土钉

锚杆和土钉是用于加固地基的构件。锚杆通常由钢筋或钢绞线制成，一端固定在深层的地质层中，另一端与结构物相连。它能够承受拉力，将结构物的荷载传递到更深层的地质层中。土钉则是一种用于加固土壤的构件，通常由钢筋或钢管制成，呈水平或倾斜布置。它能够增加土壤的抗剪强度，提高地基的稳定性。

（六）排水系统

排水系统是地基中的重要组成部分，用于排除地下水或地表水，以减少其对地基的影响。排水系统通常由排水沟、排水管、集水井等组成，能够有效地降低地下水位，防止地基被水浸泡和软化。

（七）监测系统

监测系统用于监测地基在施工和使用过程中的变形、沉降、位移等情况。它通常由传感器、数据采集和分析系统组成，能够实时监测地基的状态，为工程的安全性和稳定性提供重要保障。

》》第四节　基础工程

一、浅基础工程

（一）浅基础工程基本概念

浅基础工程，作为土木工程的一个重要领域，主要涉及建筑物或其他结构物的地基设计和施工。与深基础工程相比，浅基础工程具有埋深浅、设计和施工相对简单、成本较低等特点。这些特点使得浅基础工程在实际工程项目中得到了广泛应用。

浅基础工程的核心概念是，地基位于地表或接近地表的土层上，通常埋深不超过5 m。这种浅埋深的设计使得基础的底面与地基土之间能够产生摩擦力，同时基础的侧面也能承受来自土的压力，从而有效地承受和分散上部结构所施加的荷载。这种荷载传递机制，使浅基础能够提供稳定和安全的支撑，确保上部结构的正常使用和持久性。

浅基础工程设计和施工时，工程师需要充分考虑地基土的性质。地基土的物理和力学性质，如承载力、变形特性、渗透性等，都会直接影响基础的稳定性和安全性。因此，在进行浅基础工程之前，必须对地基土进行详细的地质勘查和实验测试，以获得准确的设计参数。

选择合适的基础类型也是浅基础工程设计中的关键步骤。根据地基土的性质、荷载要求以及建筑物或结构物的类型，工程师可以选择独立基础、条形基础等常见的浅基础类型；对于地质条件复杂或荷载较大的工程项目，则可能需要采用更复杂的深基础类型，以确保工程的稳定性和安全性。

在施工过程中，浅基础工程需要严格的质量控制。基础的尺寸、位置和配筋等必须符合设计要求，以确保基础的承载力和稳定性。此外，施工过程中的土方开挖、填筑和压实等操作也需要严格控制，以避免对地基土造成不必要的扰动和破坏。

随着科技的不断发展，浅基础工程在设计和施工方面不断取得新的突破。新材料和新技术的应用为浅基础工程提供了新的解决方案，从而提高了工程的效率和质量。例如，新型的土壤改良材料和加固技术可以改善地基土的性质，提高基础的承载能力；而智能化施工技术和计算机模拟技术则可以提高施工的精度和效率，降低工程成本。

（二）浅基础工程特点

1. 埋深浅

浅基础工程的特点之一是埋深浅。所谓埋深浅，是指基础底部至地面的垂直距离。在浅基础工程中，这个距离相对较短，通常在0.5~3 m之间。埋深浅的基础工程有以下几个特点。

土壤力学性质的影响：埋深浅的基础工程受到土壤力学性质的影响较大。由于基础埋深较浅，土壤的力学性质对基础的承载能力、稳定性和抗渗性能产生较大影响。因此，在设计和施工过程中，需要对土壤的力学性质进行详细的研究和分析。

地基处理方法的选择：针对埋深浅的基础工程，地基处理方法的选择至关重要。常用的地基处理方法包括压实法、换填法、深基础法等。根据工程的实际情况，选择合适的地基处理方法，可以有效提高基础的承载能力和稳定性。

基础形式的选择：在埋深浅的基础工程中，基础形式的选择也具有重要意义。浅基础的形式较多，如独立基础、条形基础、筏形基础等。基础形式的选择应结合工程的实际情况，充分考虑土壤条件、建筑物结构、荷载特性等因素，以满足工程需求。

抗浮稳定性问题：由于埋深浅，基础所承受的浮力较大。在设计和施工过程中，需要充分考虑基础的抗浮稳定性。采取有效措施，如增加基础埋深、采用抗浮材料等，以确保基础在浮力作用下的稳定性。

施工工艺和要求：在埋深浅的基础工程中，施工工艺和要求相对较高。由于基础埋深较浅，施工过程中容易受到外部环境的影响，如地下水位、土壤湿度等。因此，施工前须对施工现场进行详细调查，制订合理的施工方案，确保施工质量和安全。

节约资源和成本：埋深浅的基础工程有利于节约资源和成本。相较于深基础工程，浅基础工程所需的材料、设备和人力较少，因此工程成本低。同时，浅基础工程对周围环境的影响较小，有利于保护生态环境。

2. 荷载传递路径短

浅基础工程的另一个特点是荷载传递路径短。荷载传递路径是指基础承受的荷载从基础底部至地面的传递路径。在浅基础工程中，荷载传递路径相对较短。这对基础的承载能力、稳定性和抗渗性能有重要影响。以下是荷载传递路径短的特点分析。

承载能力：荷载传递路径短有利于提高基础的承载能力。由于传递路径短，基础所承受的荷载能够迅速传递到较坚实的土层或岩层，从而减小基础底部的应力集中现象。这有助于提高基础的承载能力，降低基础沉降和变形的风险。

稳定性：荷载传递路径短的基础工程稳定性较好。短路径意味着基础底部的应力分布较为均匀，有利于减少不均匀沉降和倾斜的可能性。此外，较短的传递路径有助于减少地基土体的压缩变形，能够提高地基的稳定性。

抗渗性能：荷载传递路径短的基础工程抗渗性能较好。传递路径短，基础底部的应力集中现象减小，有利于提高基础的抗渗性能。此外，较短的传递路径有助于减小基础底部的渗透压力，以降低基础渗漏的风险。

地基处理方法：针对荷载传递路径短的特点，地基处理方法的选择应结合工程的实际情况。常用的地基处理方法包括压实法、换填法、深基础法等。选择合适的地基处理方法，可以有效提高基础的承载能力、稳定性和抗渗性能。

基础形式：在荷载传递路径短的基础工程中，基础形式的选择至关重要。根据工程的实际情况，可以选择独立基础、条形基础、筏形基础等。

3. 地表环境影响大

土体性质：土体性质是影响浅基础工程稳定性的关键因素。不同类型的土壤对基础的承载能力、变形特性及渗透性能的影响有显著差异。一般情况下，黏性土对基础的稳定性较为有利，因其具有较高的承载能力和较低的渗透性。而砂土和软土地区，基础工程易受到液化、沉降、渗透等问题的影响，导致工程风险加大。

地形地貌：地形地貌对浅基础工程的影响主要体现在基础选型、施工方法和工程造价等方面。平坦的地形有利于基础施工，可降低施工难度和工程成本。然而，在山区、丘陵地区，地形起伏较大，基础工程须采取特殊措施，如填方、挖方、悬臂式基础等，以保证建筑物的稳定性。

地下水位：地下水位对浅基础工程的影响主要表现在土壤的液化和渗透作用两个方面。当地下水位较高时，土壤中的细颗粒容易发生液化现象，导致基础承受力降低。此外，地下水位波动也会引起土壤渗透变形，进一步影响基础的稳定性。因此，在设计浅基础工程时，须充分考虑地下水位的影响，采取相应措施降低风险。

气候变化：气候变化对浅基础工程的影响主要体现在冻胀和湿度变化两个方面。在寒冷地区，冻胀作用会导致基础表面产生裂缝，进而影响建筑物的稳定性。而在湿润地区，湿度变化会引起土壤含水量波动，影响基础的承载能力和变形特性。因此，在设计浅基础工程时，应充分考虑气候变化因素，选用适宜的基础材料和施工技术。

4. 结构形式简单

基础类型：浅基础工程的类型主要包括条形基础、柱下独基、筏形基础、箱形基础等。这些基础类型具有结构简单、受力明确的特点，便于设计和施工。此外，根据建筑物类型和不同地区的地质条件，还可以灵活组合多种基础形式，以满足工程需求。

材料选择：浅基础工程材料的选择具有较高的灵活性，混凝土、钢筋混凝土、砖石等都可使用。这些材料在性能、成本和施工难度等方面具有较好的综合优势，适用于各种类型的基础工程。此外，复合材料、高性能混凝土等新材料的不断研发和应用也为浅基础工程提供了更多选择。

施工方法：浅基础工程的施工方法相对简单，主要包括预制基础、现场浇筑基础等。预制基础具有标准化、高效、质量可控等优点，适用于规模较大的建筑工程；现场浇筑基础适用于较小规模的建筑工程，其施工过程较为简单，成本较低。此外，随着施工技术的不断发展，预制装配式建筑、地下连续墙等新型施工方法也逐渐应用于浅基础工程，进一步简化了施工过程。

设计理念：浅基础工程设计应遵循安全稳定、经济合理、环保可持续等原则。在满足建筑物承载力和变形要求的前提下，设计者应充分考虑地质条件、地表环境、材料性能等因素，力求使基础结构简单、受力明确。此外，新型设计理念如绿色建筑、节能减排等，也为浅基础工程提供了新的发展方向。

（三）浅基础工程的设计原则

浅基础工程的设计原则是确保工程的安全性、稳定性和经济性。为了实现这些目标，工程师在设计过程中需要遵循一系列重要的原则。以下将对浅基础工程的设计原则进行详细阐述，以确保在实际工程项目中正确应用。

1. 充分了解地基土的性质

在进行浅基础设计之前，工程师应对地基土的性质进行充分的调查和分析，包括了解地基土的物理性质（如颗粒组成、密度、含水量等）和力学性质（如承载力、变形特性、渗透性等）。通过现场勘查、室内试验和参考相关工程经验，工程师可以获取地基土的准确参数，为设计提供可靠的依据。

2. 选择合适的基础类型

根据地基土的性质、荷载要求和建筑物或结构物的类型，工程师应选择合适的基础类型。常见的浅基础类型包括独立基础、条形基础等。独立基础适用于荷载较小、地质条件较好的工程，具有施工简单、成本较低的优点；条形基础适用于荷载较大或地质条件一般的工程，具有较好的整体性和稳定性。而对于地质条件复杂或荷载较大的工程，则可能需要采用深基础或其他特殊基础类型。

3. 确定合理的设计参数

在设计过程中，工程师需要根据地基土的性质和荷载要求，确定合理的设计参数，包括基础的尺寸、埋深、配筋等。设计参数的选择应满足基础的承载力和稳定性要求，同时考虑经济性和施工可行性。通过理论计算、数值分析和经验公式等方法，工程师可以对设计参数进行优化，以提高工程的安全性和经济性。

4. 采取适当的加固措施

对于地质条件较差或荷载较大的情况，工程师应采取适当的加固措施以提高基础的承载力和稳定性。常见的加固措施包括地基处理（如换填、夯实、加固桩等）、上部结构加固（如增设梁、板、墙等）以及施工过程中的临时支撑等。在选择加固措施时，工程师需要综合考虑技术可行性、经济性和施工影响等因素。

5. 考虑环境因素的影响

在设计过程中，工程师还需要考虑环境因素对浅基础工程的影响。例如，地震会对基础的稳定性和安全性产生重要影响，工程师需要根据地震烈度和场地条件对基础进行抗震设计。此外，地下水位变化、温度变化等也会对基础产生一定影响，需要在设计中予以考虑。

6. 注重施工质量的控制

浅基础工程的施工质量控制是确保工程安全性和稳定性的重要环节。工程师需要在施工前制订详细的施工方案和技术要求，并在施工过程中进行严格的质量检查和监督。对于关键工序和隐蔽工程，还需要进行旁站监理和验收，以确保施工质量符合设计要求和相关规范标准。

二、深基础工程

（一）深基础工程基本概念

深基础工程指建筑物或结构物的基础埋层较深，通常在地下水位以下，一般超过5m。深基础工程在承受建筑物荷载的同时，还需要承受地下水位以下土层或岩层的荷载。深基础工程具有较高的技术难度和较强的工程风险，因此，在设计和施工过程中需要充分考虑地质条件、水文条件、荷载特性等多种因素。

深基础工程可以根据以下几个方面进行分类。

1. 按材料分类

① 混凝土基础：采用混凝土材料浇筑而成，具有较高的抗压强度和抗拉强度，适用于较大的荷载和较深的埋深。

② 钢筋混凝土基础：在混凝土基础上配置钢筋，提高其抗压强度和抗拉强度，适用于较大的荷载和较深的埋深。

③ 桩基础：桩基础是用深埋地下的桩承受建筑物荷载的基础，可分为预制桩、现场灌注桩等类型。

2. 按结构形式分类

① 单柱基础：单柱基础是指单根柱子下的基础，适用于荷载较小、埋深较深的建筑物。

② 群柱基础：群柱基础是指多根柱子共同承载建筑物荷载的基础，适用于荷载较大、埋深较深的建筑物。

③ 框架基础：框架基础是指由多根柱子和梁组成的基础结构，适用于荷载较大、埋深较深的建筑物。

④ 筏板基础：筏板基础指在建筑物下部设置筏状结构，适用于荷载较大、埋深较深的建筑物。

3. 按施工方法分类

① 预制基础：预制基础是在工厂或施工现场预制的混凝土基础。

② 现场浇筑基础：现场浇筑基础是指在施工现场浇筑的混凝土基础。

③ 沉井基础：沉井基础是在地下挖出一定形状的井，然后在井内浇筑混凝土形成的基础。

（二）深基础工程特点

1. 承载能力高

深基础工程的主要特点之一是承载能力高，这是其被广泛应用于高层建筑、大型桥梁、重型工业设备等工程项目中的重要原因。深基础埋深深，能够深入土层，充分利用深层土壤的承载能力，从而能够承受上部结构传递下来的巨大荷载。

首先，深基础的深埋深使其能够深入土层，接触并利用深层土壤的承载能力。深层土壤通常具有更高的承载力和更好的稳定性，因此深基础能够提供更稳定和可靠的支撑。这种特性使得深基础在承受巨大荷载时表现出色，能够有效地分散和传递荷载，确保上部结构的安全和稳定。

其次，深基础在承受荷载时，能够通过其较大的底面积和侧面积来分散荷载。深基础通常具有较大的底面积和侧面积，这使得荷载能够更均匀地分布在整个基础上，降低了局部压力，提高了基础的承载能力。同时，深基础的侧面积也能够承受来自土层的侧压力，进一步增强基础的稳定性。

最后，深基础还能够通过优化设计和施工来提高其承载能力。例如，通过合理的基础形状和尺寸设计，可以充分利用土层的承载能力，提高基础的承载效率。同时，在施工过程中，可以采用先进的施工技术和设备，确保基础的质量和施工精度，从而进一步提高基础的承载能力。

具体而言，在高层建筑中，深基础能够承受建筑物传递下来的巨大荷载，确保建筑物的安全和稳定。比如，大型桥梁的桥墩通常也采用深基础，来承受桥梁的重量和交通荷载，确保桥梁的稳固性和使用寿命；在重型工业设备中，深基础能够承受设备的重量和工作荷载，确保设备的正常运行和稳定性。

值得一提的是，深基础还具有较好的抗震性能。深基础能够深入土层并利用深层土壤的承载能力，因此在地震发生时，深基础能够有效地分散和传递地震力，降低上部结构的震动响应，提高结构的抗震性能。这使得深基础在地震频繁的地区得到了广泛应用。

然而，深基础工程也存在一定的挑战和限制。首先，深基础的施工难度较大，需要克服一系列技术难题，如开挖深度大、地下水位高等；其次，深基础的经济成本较高，施工前需要综合考虑其经济效益和性价比；最后，深基础的施工和使用还可能对周围环境和地下管线等产生影响，施工前需要采取必要的预防和补救措施。

2. 适应性强

深基础工程在土木工程领域中，以其强大的适应性脱颖而出。不论遇到的是何种复杂地质条件或荷载要求，深基础都能通过精心设计和合理施工，确保稳定、安全的基础支撑。这种适应性，使得深基础在各种工程项目中得到了广泛的应用和认可。

首先，软土地基是土木工程中常见的地质条件之一。软土具有低承载力、高压缩性等特点，给基础工程带来了诸多挑战。然而，深基础却能够很好地适应这种地质条件。采用桩基础、地下连续墙等深基础形式，可以有效地提高基础的承载力和稳定性，确保上部结构的安全。同时，深基础的深埋深特点，使其能够深入软土层下的较硬土层，从而充分利用较硬土层的承载能力。

其次，在岩石地基中，深基础同样表现出色。岩石地基通常具有较高的承载力和较好的稳定性，但也可能存在节理、裂隙等不连续面，影响基础的稳定性。深基础通过其深埋深和侧阻力，能够有效地锚固在岩石中，提供稳定的基础支撑。对于存在不连续面的岩石地基，深基础还可以通过优化设计和施工方法，如加大基础尺寸、采用后注浆技术等，来提高基础的完整性和稳定性。

此外，对于不均匀地基，深基础同样具有很强的适应性。不均匀地基可能导致基础的不均匀沉降和破坏，影响上部结构的安全性和使用功能。深基础可利用其较大的底面积和侧面积，有效地分散荷载，降低不均匀沉降的风险。同时，通过合理的设计和施工方法，如采用变刚度调平设计、施工监测等技术手段，可以进一步减少不均匀沉降的影响，确保基础的稳定性和安全性。

最后，深基础还能适应不同的荷载类型。静荷载是土木工程中常见的荷载类型之一，包括建筑物的自重、设备的重量等。深基础通过其深埋深和大底面积，能够承受大量的静荷载，提供稳定的基础支撑。动荷载是指随时间变化的荷载，如交通荷载、风荷载等。深基础通过其侧阻力和端阻力的共同作用，能够有效地抵抗动荷载产生的动态效应，确保基础的稳定性和安全性。

3. 施工难度大

深基础工程，作为土木工程中一种重要的工程类型，其施工难度相对较大。这主要是其埋深较深，使得工程师和施工人员在施工过程中需要克服一系列技术难题。为了确保深基础工程的安全性和质量，工程师和施工人员需要充分了解这些难题，并制订合理的施工方案和技术措施。

首先，深基础工程的开挖深度通常较大，这是一个重要的技术挑战。在开挖过程中，工程师需要考虑土层的稳定性、地下水的处理以及施工设备的能力等多个因素。对于某些特殊地质条件，如软土、流沙等，还需要采用特殊的开挖方法和支护措施，以防止土层坍塌和工程事故的发生。

其次，地下水位高也是深基础工程施工中常见的问题。地下水位较高可能导致开挖过程中出现涌水、流沙等现象，增加施工的难度和风险。为了降低地下水位对施工的影响，工程师需要制订合理的降水方案，如井点降水、帷幕降水等，将地下水位降至安全范围内，以确保施工的顺利进行。

再次，深基础工程的施工环境通常较为复杂。在城市中心或人员密集地区进行施工时，需要考虑到对周围环境和居民生活造成的影响。例如，施工降噪、交通疏导、环境保护等问题都需要妥善安排。同时，深基础施工还可能对地下管线、邻近建筑物等产生影响，需要进行详细的调查和评估，采取相应的保护措施。

最后，深基础施工还需要使用大型机械设备和专业技术人员。大型机械设备如挖掘机、钻机、起重机等在施工过程中起到关键作用，但同时也需要专业的操作和维护人员来保障设备的正常运行。专业技术人员的缺乏或技能不足都可能增加施工的成本和难度。

4. 经济成本高

深基础工程的经济成本一直是土木工程中一个重要的考量因素。这种基础形式虽然具有很多优点，但由于其施工难度大、技术要求高等特点，其经济成本相对较高。在选择深基础方案时，工程师和经济师需要充分考虑其经济效益和性价比，以确保工程的可行性和经济性。

其一，深基础工程的技术要求高是导致其经济成本高的原因之一。深基础工程需要专业的技术人员进行设计、施工和监控。这些技术人员需要具备丰富的经验和专业知识，才能确保工程的质量和安全。然而，高技术水平的人员的薪酬和培训费用相对较高，这也增加了工程的成本。此外，深基础工程还需要进行详细的地质勘查、结构计算和模型分析等工作。这些工作需要投入大量的人力和物力资源，也进一步增加了工程的成本。

其二，为了确保工程的安全性和质量，深基础工程还需要进行详细的勘查、设计和施工监控等工作，这增加了工程的成本。勘查工作需要对工程场地进行详细的地质调查和分析，以确定合适的基础形式和尺寸；设计工作需要根据勘查结果和上部结构的要求进行详细的结构计算和模型分析，以确定基础的结构形式和配筋方案；施工监控工作需要对施工过程进行实时的监测和控制，以确保施工质量和安全。这些工作都需要投入大量的人力、物力和时间，这进一步推高了工程的成本。

5. 技术要求高

深基础工程在土木工程中占据了重要的地位，然而，这种工程对技术的要求极高。从勘查、设计到施工和监控，每一个环节都需要专业的技术人员和先进的设备支持，以保障质量，确保工程的顺利进行。

勘查阶段，深基础工程需要进行详细的地质勘查和试验分析。这一步骤是至关重要的，因为地质条件的准确评估直接影响到基础类型、尺寸和位置的选择。专业的地质工程师需要利用先进的地质勘查设备，如钻探机、地震仪等，来获取地层结构、岩石性质、地下水位等关键信息，还需要进行室内和现场的试验分析，如土壤力学试验、岩石力学试验等，来准确评估地基的承载力和变形特性。这些工作不仅需要高素质的地质工程师，还需要先进的设备和技术支持。

设计阶段，深基础工程的技术要求更加突出。设计师需要根据勘查结果和上部结构的要求，进行详细的结构计算和模型分析。这一过程需要利用复杂的有限元分析、地基基础设计软件等工具，来模拟和分析基础在各种荷载条件下的响应和性能。设计师需要具备深厚的结构力学和地基基础设计知识，同时还需要熟练掌握相关的计算机软件和技术。只有这样，设计师才能设计出安全、经济、合理的深基础方案。

施工阶段是深基础工程中技术要求最集中的环节之一，需要使用大型机械设备和专业技术队伍进行施工和监控。例如，桩基施工需要使用打桩机、灌注桩机等设备，地下连续墙施工需要使用成槽机、挖掘机等设备。这些设备的操作和维护都需要专业的技术人员来完成。

监控阶段，监控人员需要利用先进的监测设备和技术，如自动测量系统、无损检测技术等，对施工过程进行实时监测和数据分析，以及时发现隐患，解决潜在的问题。

（三）深基础工程的设计原则

1. 勘查先行原则

勘查先行原则是深基础工程设计的首要原则，其重要性不容忽视。在进行深基础工程之前，必须投入足够的时间和精力进行详细的地质勘查，这一步骤是不可或缺的。

地质勘查是深基础工程的基础，其主要目的是了解地基的地质条件、水文地质条件以及地下障碍物等。通过勘查，可以获得关于土壤和岩石的类型、结构、性质和分布情况等信息，还能了解地下水位、水流方向等水文地质条件。这些信息将对后续的基础类型、尺寸和位置的确定产生决定性的影响。

在进行地质勘查时，需要运用各种先进的技术和设备，使用钻探、触探、地球物理勘探等方法，以确保获取的数据准确可靠。此外，还需要对勘查数据进行详尽的分析和解释，以得出合理的结论，给出合理的建议。

地质勘查的结果将直接影响深基础工程的设计和施工方案。只有在充分了解地基条件的基础上，才能选择合适的基础类型（如桩基、地下连续墙等），并确定其尺寸和位置。这样才能确保基础工程在承载力和稳定性方面满足要求，同时避免潜在的地质风险。

此外，地质勘查还能帮助工程师预测和识别施工过程中遇到的问题和挑战。例如，当地下存在障碍物时，需要提前制订相应的处理措施，以避免出现安全和质量问题。

2. 合理设计原则

合理设计原则是深基础工程中的核心原则之一，它要求在充分理解勘查结果和上部结构需求的基础上，进行科学、经济、可行的基础设计。这一原则确保了工程的稳定性、安全性和经济性。

首先，设计过程中要考虑的是基础的承载能力。根据地质勘查结果，设计师需要精确计算出基础所需承受的荷载，包括静荷载和动荷载，以确保基础在各种工况下都能满足稳定性要求。

其次，基础的变形特性也是设计师需要重点关注的问题。基础在承受荷载时会产生一定的变形，如果变形过大，可能会影响上部结构的正常使用。因此，设计师需要通过合理的结构设计和材料选择，将基础的变形控制在可接受的范围内。

再次，稳定性是基础设计的另一个关键因素。设计师需要考虑基础在各种可能工况下的稳定性，包括地震、风灾等极端情况，通过合理的设计和计算，确保基础在各种工况下都能保持稳定，避免发生失稳等安全事故。

最后，经济性也是合理设计的重要考虑因素。深基础工程往往投资巨大，如何在满足安全性和稳定性的前提下，降低工程造价，提高经济效益，是设计师需要面对的挑战。设计师可通过优化设计方案、选择合适的材料和设备等方式，降低工程造价，提高工程的经济性。

3. 施工规范原则

施工规范原则是深基础工程施工过程中必须坚守的重要原则。它确保了施工活动的有序、高效进行，同时保障了施工质量和安全。

在深基础工程的施工过程中，遵守相关的施工规范和标准是至关重要的。这些规范和标准是由行业专家和经验丰富的工程师经过多年的实践和研究制定的，它们包含了丰富的工程知识和实践经验，对于指导施工活动、确保施工质量具有重要的作用。

施工人员在进行深基础工程施工时，必须严格按照施工规范和标准进行操作。无论是施工前的准备工作，还是施工过程中的各项操作，都需要符合规范的要求。例如，在进行桩基施工时，施工人员需要按照规定的程序进行钻孔、清孔、灌注混凝土等操作，确保桩基的质量和稳定性。

除了遵守施工规范和标准外，施工过程中的监控也是非常重要的。通过施工监控，施工人员可以及时发现和解决施工中的问题，避免出现质量问题或发生安全事故。施工监控可以包括对施工活动的实时观察、对施工质量的定期检测以及对施工过程中的数据进行分析和评估等。一旦发现施工中存在问题，施工人员需要立即采取措施进行整改，确保施工质量和安全。

为了更好地贯彻施工规范原则，施工单位还需要建立完善的施工质量管理体系和安全生产管理体系。这些体系可以帮助施工单位系统地管理施工过程，确保各项施工活动都符合规范和标准的要求。同时，施工单位还需要加强对施工人员的培训和教育，提高他们的技术水平和安全意识，使他们能够更好地执行施工规范和标准。

4. 质量第一原则

在深基础工程的实施中，质量第一原则无疑是至高无上的指导方针。工程质量直接关系到其使用寿命、安全性和经济效益，因此，从项目伊始到结束，每一个环节都需要以质量为中心，进行严格的管理和控制。

首先，材料采购是工程质量的起点。无论是钢材、混凝土还是其他建材，其质量都会直接影响到整个工程的结构安全和使用寿命。在选择供应商时，必须确保其具有良好的信誉和稳定的质量保障体系；对每一批进场的材料都要进行严格的检验和测试，确保其符合设计和规范要求。

其次，设备的选用也是关键所在。现代化的施工设备不仅可以提高施工效率，更可以确保施工质量。在选择施工设备时，要优先考虑那些技术先进、性能稳定、操作简便的设备，同时对其进行定期的维护和校准，确保其在施工过程中始终保持良好的工作状态。

再次，施工操作是决定工程质量的核心环节。每一个施工人员都需要经过严格的培训，确保其熟练掌握施工技能，了解质量要求。在施工过程中，要建立完善的质量控制体系，对施工的每一个环节进行监督和检查，确保其符合设计和规范要求。

最后，质量检测是保障工程质量的最后一道防线。利用先进的检测设备和手段，可以对工程的施工质量进行全面的检测和评估，确保其满足设计和使用要求。对于检测中发现的问题，要及时进行整改和处理，确保问题得到彻底解决。

5. 安全保障原则

在深基础工程施工过程中，安全保障原则是一项不可忽视的重要原则。由于施工过程中存在一定的安全风险，因此必须采取一系列必要的安全保障措施，以确保施工人员的人身安全和设备安全。

首先，对于施工现场的安全管理，必须保持高度的警觉。施工前，应对现场进行全面的安全风险评估，识别和预测可能存在的安全隐患。同时，要合理规划施工区域，设置明显的安全标识和警示标志，确保施工人员能够清晰地识别和遵守安全规定。

其次，提供必要的个人防护装备是保障施工人员人身安全的重要措施之一。例如，进行高空作业时，施工人员必须佩戴合格的安全带和安全帽，以防止坠落和头部受伤。此外，根据工程的具体情况，还应为施工人员提供手套、防护眼镜、防护鞋等适当的个人防护装备，降低施工过程中的安全风险。

再次，设备安全也是施工过程中需要重点关注的问题。深基础工程通常需要使用大型机械设备和施工工具，如钻机、吊机等。在使用这些设备前，必须进行全面的设备检查和维护，确保其正常运转和安全可靠。操作人员必须具备相关的设备操作证书和经验，并接受必要的安全培训，以熟悉设备的正确操作方法和安全操作规程。

最后，建立健全的安全管理制度和应急预案也是保障施工安全的重要措施。施工单位应制订详细的安全管理规程，明确各级管理人员和施工人员的安全责任和义务。同时，应定期组织安全演练和培训，提高施工人员的安全意识和应急处理能力，让他们在面临突发事件或事故时，能够迅速、有效地应对，以减少损失和风险。

三、基坑工程与地下工程

(一) 基坑工程

基坑工程是一项重要的土木工程，它涉及地下空间的开挖和支护，是地下工程的前提和基础。基坑工程的设计和施工需要充分考虑地质条件、水文地质条件、周边环境等因素，以确保工程的安全性和经济性。下面将从设计、施工、检测等方面详细介绍基坑工程。

1. 基坑工程的设计

（1）确定基坑开挖深度和范围。基坑开挖深度和范围应根据地下工程的需求和地质条件来确定。在确定开挖深度时，需要考虑地下水位、土壤性质、周边建筑物等因素；在确定开挖范围时，需要考虑周边道路、管线等设施的安全。

（2）选择支护结构类型。支护结构是基坑工程的重要组成部分，其作用是在基坑开挖过程中支撑土壤，防止滑坡等事故的发生。支护结构的类型包括支撑式支护、拉锚式支护、土钉墙支护等。在选择支护结构类型时，需要考虑地质条件、周边环境、施工工期等因素。

（3）设计降水方案。在基坑施工过程中，为了保证施工安全和施工质量，需要进行降水处理。降水方案应根据地质条件和基坑深度来设计，确保降水效果和施工安全。

2. 基坑工程的施工

（1）施工前的准备工作。在施工前，需要进行充分的准备工作，包括清理现场、搭建临时设施、准备施工机械和材料等。同时，还需要对施工人员进行安全培训和技术交底，确保施工人员了解施工要求和安全操作规程。

（2）开挖和支护施工。开挖和支护施工是基坑工程的核心部分。在施工过程中，需要严格按照设计要求进行施工，确保开挖深度和范围准确无误。同时，还需要加强现场监测和巡视，及时发现和处理施工中的问题。

（3）施工后的检测。在支护结构施工完成后，还需要进行验收和质量检测，确保其符合设计要求，以保证使用安全。

(二) 地下工程

地下工程是指深入地面以下，为开发利用地下空间资源所建造的地下土木工程。随着城市化进程的加速，地下工程在城市建设和规划中扮演着越来越重要的角色。现从地下工程的意义、设计、施工等方面进行详细阐述。

1. 地下工程意义

提高土地利用效率：随着城市用地越来越紧张，地下空间成了宝贵的资源。通过开发地下空间，可以扩大城市的使用面积，提高土地利用效率。

缓解交通压力：地铁、地下停车场等地下交通设施的建设，可以有效缓解城市交通拥堵问题，提高城市交通运行效率。

提升城市形象：地下商业街、地下文化设施等地下公共空间的建设，可以提升城市的形象和品质，增强城市的吸引力和竞争力。

应对自然灾害：地下人防工程等地下设施的建设，可以在发生自然灾害时提供紧急避难场所，保障人民生命财产安全。

2. 地下工程设计

地质勘查：在地下工程设计前，需要进行详细的地质勘查，了解地质条件、水文条件等，为工程设计提供基础资料。

结构设计：根据工程需求和地质条件，设计地下结构，包括基坑支护结构、地下连续墙、地下室结构等。结构设计需要考虑结构的安全性、稳定性和经济性。

防水设计：地下水是地下工程面临的主要挑战之一。因此，在地下工程设计中，需要进行详细的防水设计，要考虑包括防水材料的选择、防水层的施工等问题。

通风与照明设计：地下空间相对封闭，需要进行合理的通风与照明设计，确保地下空间的空气质量和光照度。

3. 地下工程施工

施工方法选择：根据工程需求和地质条件，选择合适的施工方法，如明挖法、暗挖法等。施工方法的选择需要考虑施工的安全性、经济性和环保性。

施工管理：建立完善的施工管理体系，包括施工进度控制、质量管理、安全管理等，确保工程施工的顺利进行。

施工技术创新：随着科技的不断进步，地下工程施工技术也在不断创新，如采用新型支护结构、新型防水材料等，这能提高工程施工的安全性和经济性。

第三章 边坡与土木工程设计与管理

>> 第一节 边坡工程设计与管理

一、边坡工程概述

（一）边坡工程内涵

边坡工程是在地质、岩土、水利、交通、城市建设等领域中，对边坡进行稳定性分析、设计、施工和监测的一项重要工程。边坡工程的主要目的是确保边坡的稳定和安全，防止边坡发生滑坡、崩塌等灾害，同时改善边坡的生态环境。

边坡工程的内涵主要包括以下几个方面。

边坡稳定性分析：采用地质勘查、岩土力学试验、数值模拟等方法，对边坡的稳定性进行评估，为边坡工程设计提供依据。

边坡设计：根据边坡稳定性分析结果，制订合理的边坡几何参数和防护措施，以确保边坡在施工和使用过程中的安全稳定。

边坡施工：依据设计方案，进行边坡开挖、支护、排水等工程，确保边坡工程的施工质量和进度。

边坡监测：对边坡的变形、应力、地下水位等方面进行监测，及时了解边坡的稳定状态，为边坡工程的维护和管理提供依据。

边坡环境保护：在边坡工程过程中，采取生态恢复、植被绿化等措施，改善边坡生态环境，减少边坡工程对周边环境的影响。

（二）边坡工程特点

1. **区域性**
边坡工程受地域、地质、气候等条件的影响，具有明显的地域特点。
2. **复杂性**
边坡工程涉及多个学科领域，如地质学、岩土工程、水利工程、生态学等，问题复杂多样。

3. 风险性

边坡工程受边坡稳定性、地质灾害、施工条件等因素的影响，存在一定的安全风险。

4. 长期性

边坡工程从设计、施工到监测，周期较长，需要长期投入和管理。

5. 社会性

边坡工程与人民群众的生活息息相关，关系到社会稳定和可持续发展。

6. 可持续性

边坡工程在保证安全稳定前提下，注重生态环境的保护和恢复，实现工程与环境的和谐共生。

（三）边坡工程分类

边坡工程按照不同的分类标准可分为不同类型，以下是常见的分类方法。

1. 按成因分类

自然边坡（斜坡）和人工边坡。自然边坡是指在自然力作用下形成的边坡；人工边坡是指人类活动（如开挖、堆填等）造成的边坡。

2. 按土的性质分类

岩质边坡（岩坡）和土质边坡（土坡）。岩质边坡主要由岩石组成；土质边坡主要由土体组成。

3. 按坡高分类

① 超高边坡：岩质边坡坡高大于 30 m，土质边坡坡高大于 15 m；

② 高边坡：岩质边坡坡高 15~30 m，土质边坡坡高 10~15 m；

③ 中高边坡：岩质边坡坡高 8~15 m，土质边坡坡高 5~10 m。

4. 按边坡形状分类

可分为直线边坡、曲线边坡等。

5. 按防护措施分类

可分为砌体边坡、喷锚边坡、土钉墙边坡等。

了解边坡工程的内涵、特点和分类，对于边坡工程的设计、施工和监测具有重要的指导意义。在实际工程中，根据边坡的具体情况，选择合适的边坡工程类型，可确保边坡的安全稳定，同时保护生态环境。

（四）边坡工程重要性

边坡工程是土木工程中不可或缺的一部分，主要涉及对土壤和岩石边坡的稳定性进行设计、施工和维护。无论是在道路交通、水利水电、矿山开采还是城市建设中，边坡工程都发挥着至关重要的作用。下面从多个角度详细阐述边坡工程的重要性，以期提高对这一领域的认识和重视程度。

1. 边坡工程对交通安全的影响

在道路交通建设中，边坡的稳定性和安全性直接关系到公路、铁路等交通干线的正常运营和交通安全。如果边坡设计不当或施工质量不过关，可能导致边坡失稳、滑坡等地质灾害的发生，给交通安全带来严重威胁。因此，在道路交通建设中，必须高度重视边坡工程的设计和施工质量，确保边坡的稳定性和安全性。

2. 边坡工程对水利水电工程的影响

在水利水电工程中，边坡的稳定性直接关系到水库、水电站等水利水电设施的安全。一旦边坡发生失稳或滑坡等地质灾害，可能导致水库溃坝、水电站停运等严重后果，给人民生命财产安全和国民经济带来巨大损失。因此，在水利水电工程建设中，必须高度重视边坡工程的设计和施工质量，采取有效措施来确保其稳定性和安全性。

3. 边坡工程在矿山开采中的作用

在矿山开采中，边坡的稳定性直接关系到矿山的生产安全和矿工的生命安全。如果矿山边坡设计不当或施工质量不过关，可能导致矿山滑坡、泥石流等灾害，给矿工的生命安全带来严重威胁。因此，在矿山开采中，必须高度重视边坡工程的设计和施工质量，采取有效的措施来确保矿山边坡的稳定性和安全性。

4. 边坡工程在城市建设中的重要性

在城市建设中，保持边坡的稳定性也是一项至关重要的任务。随着城市化的加速和用地紧张问题日益突出，很多城市不得不开发利用山区和丘陵地区。在这些地区进行城市建设时，必须充分考虑边坡的稳定性和安全性，防止因边坡失稳而引发的地质灾害给城市建设和居民生活带来严重影响。因此，在城市建设中，必须对边坡工程给予足够的重视，采取有效的措施来确保城市边坡的稳定性和安全性。

5. 边坡工程的经济意义

除了以上提到的方面外，边坡工程还具有显著的经济意义。一方面，合理的边坡设计和施工可以有效地保护工程设施的安全性和稳定性，避免因地质灾害造成的经济损失。另一方面，科学的边坡治理和维护可以降低工程设施的维护成本并提高使用寿命，提高工程设施的经济效益和社会效益。因此，在边坡工程的实践中，必须充分考虑其经济意义，制订合理的方案来降低工程造价和提高经济效益。

二、边坡工程设计依据与标准

边坡工程是土木工程中一项重要的工程任务，旨在确保边坡的稳定性和安全性。必须依据一定的设计依据和标准进行边坡工程设计，以确保工程的质量和效益。

（一）边坡工程设计依据

1. 地质勘查资料
地质勘查是边坡工程设计的基础，必须充分了解边坡的地质条件、水文地质条件、物理力学性质等，以便制订合理的设计方案。

2. 工程地质类比
类比分析已有类似工程的地质条件和边坡稳定性，可以为新工程的设计提供参考和借鉴。

3. 边坡稳定性分析

运用极限平衡法、有限元法等数学方法对边坡进行稳定性分析，以确定边坡的安全系数和潜在滑动面，为设计提供依据。

4. 规范和标准

国家和行业颁布的相关规范和标准是边坡工程设计的重要依据，必须遵循其中的规定和要求。

5. 环境保护要求

在边坡工程设计中，必须考虑环境保护因素，防止工程活动对周边生态环境造成破坏。

（二）边坡工程设计标准

1. 安全标准

边坡工程的首要任务是确保安全，设计时应根据边坡的稳定性分析结果和工程等级，确定合理的安全标准。

2. 经济标准

在满足安全标准的前提下，应尽量降低工程造价，提高工程的经济效益。设计时须综合考虑材料、设备、施工等因素的成本和效益。

3. 环保标准

在边坡工程设计中，应遵循国家和地方的环保法规，确保工程活动符合环保要求，防止对生态环境造成不良影响。

4. 美观标准

边坡工程作为城市景观的一部分，其外观的美观度也是设计时应考虑的因素之一。应根据工程所在地的地理、文化和景观特点，设计出具有美感的边坡工程。

5. 施工标准

在边坡工程设计中，应考虑施工的可行性和便利性，设计出合理的施工方案和施工标准，确保施工质量和进度。

6. 维护标准

边坡工程的维护和管理是保证其长期稳定和安全的关键。设计时应考虑维护管理的需求和成本，设计出合理的维护标准和管理方案。

三、边坡稳定性分析

边坡稳定性分析是土木工程中一项至关重要的任务，旨在评估边坡在自然和人为因素作用下的稳定性，以确保工程的安全。

（一）边坡稳定性概念

边坡稳定性是指边坡在受到外部荷载和内部因素作用时，不发生滑动、坍塌等破坏现象的能力。边坡稳定性的评估是工程设计和施工的重要依据，直接关系到工程的安全性和稳定性。

（二）影响边坡稳定性因素

1. 地质条件

边坡的地质条件是影响其稳定性的主要因素之一，岩性、结构面、地下水等都会对边坡的稳定性产生影响。例如，软弱岩层、节理裂隙发育的岩层以及地下水位较高的地区，边坡的稳定性较差。

2. 气候条件

气候条件也会对边坡的稳定性产生影响。例如，降雨会导致边坡土体饱和度增加，降低其抗剪强度，从而增加滑动破坏的风险；温度变化可能导致边坡内部应力的变化，从而诱发失稳破坏。

3. 人为因素

人为因素也是影响边坡稳定性的重要因素之一。例如，开挖、爆破、加载等工程活动都可能对边坡的稳定性造成破坏；不合理的排水系统设计也可能导致地下水位的升高，增加边坡失稳的风险。

（三）边坡稳定性分析方法

1. 极限平衡法

极限平衡法是一种常用的边坡稳定性分析方法。该方法通过计算边坡在极限状态下的抗滑力和下滑力，判断其是否处于稳定状态。极限平衡法具有计算简便、结果直观等优点，但无法考虑边坡变形过程中的应力—应变关系。

2. 有限元法

有限元法是一种基于数值分析的边坡稳定性分析方法。该方法通过建立边坡的三维有限元模型，分析其应力—应变分布和变形特征，判断其稳定性。有限元法可以考虑边坡变形过程中的应力—应变关系，但计算过程较为复杂，需要较高的计算能力和经验。

3. 人工智能方法

近年来，人工智能方法在边坡稳定性分析中也得到了广泛应用。例如，基于神经网络的边坡稳定性评价方法可以根据已知样本训练神经网络模型，对未知边坡进行稳定性评价。该方法具有计算效率高、精度高等优点，但需要大量的样本数据进行训练。

（四）边坡防护措施

为了确保边坡的稳定性，需要采取一系列防护措施，常用的防护措施包括以下几种：

1. 支挡结构

支挡结构是一种常用的边坡防护措施，包括挡土墙、抗滑桩等。支挡结构可以提供额外的抗滑力，防止边坡滑动破坏。

2. 排水系统

排水系统是防止边坡失稳的重要措施之一。设置排水沟、排水管等设施，可以有效降低地下水位，减少渗透压力，提高边坡的稳定性。

3. 植被护坡

植被护坡是一种生态友好的边坡防护措施。在边坡上种植植被，可以增加土体的黏聚力和内摩擦角，提高边坡的稳定性，同时可以起到美化环境的作用。

4. 监测与预警系统

建立监测与预警系统是确保边坡长期稳定的重要手段之一。对边坡进行实时监测和数据分析，可以及时发现潜在的安全隐患并采取相应的防护措施。

四、边坡排水设施设计要点

(一) 截排水沟设计

截排水沟是边坡排水设施的重要组成部分，其主要作用是收集和排放边坡表面的雨水。在设计截排水沟时，需要考虑以下几个方面。

1. 位置选择

截排水沟的位置应尽量选择在边坡较高处，以便有效地收集雨水，并避免雨水对边坡底部造成侵蚀。此外，排水沟应避免对边坡的稳定性和生态环境造成影响。

2. 沟槽深度和宽度

沟槽深度和宽度的设计应根据边坡的雨水量和排水速度来确定。一般来说，沟槽深度不宜小于 30 cm，宽度不宜小于 20 cm，以确保排水畅通。

3. 沟底坡度

沟底坡度应根据排水距离和雨水流量来确定，通常不宜小于 0.5%。适当的坡度可以保证排水效率，同时避免雨水对沟底产生过大的冲刷。

4. 沟壁材料

沟壁材料应具有较好的抗侵蚀性和稳定性，常用的材料有混凝土、砖、石材等。在选择材料时，应考虑到边坡的地质条件和环境影响。

5. 加盖设施

为了保护沟底材料和防止雨水侵蚀边坡土壤，可在截排水沟上方设置加盖设施。加盖材料可选用钢筋混凝土、预制板等。

6. 维护与检修

为确保截排水沟的正常运行，设计时应考虑维护与检修的需求，包括设置检查口、定期清理排水沟内的杂物等。

(二) 坡面排水设计

坡面排水设计旨在将雨水迅速引导至截排水沟，减少雨水对边坡的影响。在设计坡面排水时，须注意以下几个方面。

1. 排水方式

根据边坡的地质条件、雨水量和排水要求，选择合适的排水方式。常见的排水方式有自然排水、排水沟排水、喷射排水等。

2. 排水沟布置

排水沟的布置应根据边坡的形状和坡度进行设计。通常情况下，排水沟应尽量平行于边坡，以减少雨水对边坡的冲刷。

3. 排水设施材料

排水设施的材料应具有较好的抗侵蚀性和稳定性，常用的材料有混凝土、砖、石材等。

4. 排水沟深度和宽度

排水沟的深度和宽度应根据雨水量和排水速度来确定。一般情况下，排水沟深度不宜小于 30 cm，宽度不宜小于 20 cm。

5. 排水设施的防护措施

为了防止排水设施对边坡生态环境产生不利影响，可在排水设施周围设置防护措施，如种植草皮、种植灌木等。

（三）地下排水设计

地下排水设计主要是为了将边坡内部的雨水及时排出，防止雨水积压导致边坡稳定性降低。在设计地下排水时，需考虑以下几个方面。

1. 排水方式

根据边坡的地质条件、雨水量和排水要求，选择合适的排水方式。常见的排水方式有排水井排水、排水隧道排水、真空排水等。

2. 排水井布置

排水井应布置在边坡内部的低洼处，以便有效地收集雨水。排水井的间距应根据边坡的尺寸和雨水量来确定。

3. 排水管道材料

排水管道应选用具有抗侵蚀性、稳定性和耐压性的材料，常用的材料有混凝土、钢管、聚乙烯管等。

4. 排水管道直径

排水管道的直径应根据雨水量和排水速度来确定。一般情况下，排水管道直径不宜小于 100 mm。

5. 排水井结构

排水井的结构应根据边坡的地质条件和雨水量来设计，常见的结构有敞口式、封闭式等。封闭式排水井应设置通风设施，以确保井内空气流通。

6. 排水系统监控

为了确保地下排水的正常运行，设计时应考虑对排水系统进行监控，包括设置水位监测仪、压力监测仪等。

五、边坡支护结构设计

（一）支护结构类型选择

在进行边坡支护结构设计时，选择合适的支护结构类型至关重要。根据边坡的稳定性要求和地质条件，常见的支护结构类型有以下几种。

1. 基础护坡

适用于边坡高度较低、坡面不太陡峭的情况，通过改善地表土质结构和加固边坡底部等方式来增加整体稳定性。

2. 梁式护坡

适用于边坡高度较大、坡面较陡的情况，利用地表梁型结构固定边坡，通过增加抗滑能力来提高稳定性。

3. 框架式护坡

适用于边坡高度较大且地质条件较差的情况，采用钢筋混凝土构筑框架结构，以增加边坡整体强度和稳定性。

（二）支护结构计算

支护结构计算是支护结构设计的核心部分，主要包括以下几个方面。

1. 边坡稳定性计算

对边坡的荷载、土质特性、地下水位等因素进行综合分析，采用稳定性分析方法（如切割平衡法、极限平衡法等）来确定边坡的稳定情况。

2. 支护结构强度计算

根据边坡稳定性需求和支护结构类型的特点进行强度计算。对于基础护坡和梁式护坡，通常采用弯曲强度和剪切强度计算；对于框架式护坡，需要考虑整体稳定性和抗震强度。

3. 支护结构变形计算

支护结构在使用过程中可能会产生一定的变形。对支护结构变形进行计算，可以确定其是否满足使用要求，以及对边坡稳定性的影响。

（三）支护结构材料要求

支护结构的材料选择和要求直接关系到其稳定性和耐久性。一般来说，支护结构的材料要求应包括以下几个方面。

1. 抗压强度

支护结构材料需要具备足够的抗压强度，以承受边坡的荷载和外界压力。

2. 抗剪强度

框架式护坡等需要承受剪切力的结构，材料的抗剪强度就尤为重要。

3. 耐久性

支护结构需要能够长期稳定地承受外界环境的影响，因此材料应具备较好的抗腐蚀性能和耐久性能。

4. 施工性能

支护结构的材料还应具备较好的施工性能，便于操作和安装。

综上所述，边坡支护结构设计涉及支护结构类型的选择、支护结构计算和支护结构材料的要求。在实际设计过程中，需要根据具体情况综合考虑各种因素，确保边坡的稳定性和安全性。

六、边坡工程施工与管理

边坡工程是土木工程中一项重要的工程任务，其施工组织与计划是保证工程质量和进度的关键。下面从施工准备、施工方法选择、施工进度控制、施工质量控制等方面，对边坡工程的施工组织与计划进行详细阐述，以期为实际工程提供参考和借鉴。

（一）施工准备

1. 技术准备

在施工前，应充分了解边坡工程的地质条件、设计要求、施工规范等，制订详细的施工方案和技术措施。同时，应进行技术交底，确保施工人员对工程的技术要求和施工方法有清晰的认识。

2. 资源准备

根据工程量、工期等要求，合理调配人力、物力、财力等资源，确保施工过程中的资源供应。特别是关键设备和材料，应提前采购和储备，避免影响施工进度。

3. 现场准备

在施工前，应对施工现场进行清理和平整，确保施工机械和设备能够正常进出。同时，应设置施工标志和安全设施，确保施工现场的安全。

（二）施工方法选择

在边坡工程施工中，应根据工程特点、地质条件、施工条件等因素，选择合适的施工方法。常用的施工方法包括以下几种。

1. 开挖与支护

对于土质边坡，一般采用开挖与支护的施工方法。开挖时应根据设计要求和地质条件，确定合理的开挖顺序和分层高度。支护结构应根据边坡的稳定性和设计要求进行选择和设计。

2. 锚固与注浆

对于岩质边坡，一般采用锚固与注浆的施工方法。锚固可以提高岩体的整体性和稳定性，注浆可以加固破碎岩体，并提高岩体的抗剪强度。

3．排水系统施工

排水系统是边坡工程的重要组成部分，应根据设计要求进行施工。常用的排水设施包括排水沟、排水管等。

（三）施工进度控制

施工进度控制是边坡工程施工组织与计划的核心内容之一。在制订施工进度计划时，应考虑以下因素。

1．工程量

根据工程量的大小和分布情况，合理划分施工段落和安排施工顺序。

2．工期要求

根据合同要求和实际情况，制订合理的工期目标和相应的赶工措施。

3．资源供应

根据资源供应情况，合理安排施工进度，避免因资源供应不足影响施工进度。

4．气候条件

考虑气候条件对施工的影响，如雨季、高温等，制订相应的应对措施。

（四）施工质量控制

土方开挖与回填是建筑工程中至关重要的环节，其质量直接影响到工程的整体质量和安全。

1．土方开挖需要注意内容

（1）依据设计图纸和施工方案，准确划分开挖区域，确保开挖范围符合设计要求。

（2）遵循由上至下、分层开挖的原则，逐步完成土方开挖任务。每层开挖后，应进行排水和边坡支护措施。

（3）开挖过程中，应实时监测土壤稳定性，如发现不稳定情况，应及时采取措施加强支护。

（4）土方开挖设备应定期检查和维护，确保其状态良好，降低故障风险。

（5）做好现场安全防护，设置警示标志，避免无关人员进入开挖区域。

2．土方回填关键步骤

（1）选择合适的回填材料，确保其质量符合设计要求。

（2）回填前，对开挖区域进行清理，将杂物、垃圾等清理干净。

（3）按照设计要求进行分层回填，每层回填厚度应控制在合理范围内。

（4）回填过程中，对回填土进行实时监测，确保其质量达到设计要求。

（5）回填完成后，进行土方平整和排水设施施工。

3．排水设施施工

排水设施是建筑工程中不可或缺的部分，其质量直接关系到工程的防水、防潮和安全性。在排水设施施工过程中，应注意以下几点：

（1）依据设计图纸和施工方案，准确布置排水管道、检查井等设施。

（2）选择合格的排水材料，确保其质量、规格和性能符合设计要求。

（3）排水管道安装应保持平稳，管道连接处应严密，防止渗漏。

（4）检查井施工时，应注意井壁的防水处理，确保检查井的密封性能。

（5）施工过程中，做好排水设施的保护，避免因其他工程导致排水设施损坏。

（6）排水设施施工完成后，进行严密性试验，确保排水系统正常运行。

4. 支护结构施工

支护结构施工是土方开挖与回填过程中重要的安全保障措施。以下为支护结构施工的关键环节。

（1）依据设计图纸和施工方案，合理选择支护结构类型，如锚杆支护、排桩支护等。

（2）支护结构材料的选择应确保其质量和性能满足设计要求。

（3）施工前，对施工人员进行技术交底，确保施工过程中安全、质量得到有效保障。

（4）支护结构施工过程中，实时监测土体稳定性和支护结构变形情况，发现问题及时采取措施解决。

（5）支护结构施工完成后，进行验收，确保其质量满足设计要求。

（6）支护结构施工期间，加强现场安全管理，设置警示标志，确保施工现场安全。

在实际工程中，只有严格遵循施工规范，加强监管，才能确保工程质量得到保障。从土方开挖与回填、排水设施施工到支护结构施工，每个环节都需要认真对待，做到精益求精。如此，方能建造出安全、可靠的优质工程。

七、边坡工程施工安全措施与环境检测

（一）施工安全措施

边坡工程施工是一项高风险的任务，因此，确保施工过程中的安全至关重要。下面详细阐述边坡工程施工的安全措施，包括安全管理体系的建立、危险源辨识与控制、施工人员培训与教育、安全防护设施的设置以及应急救援预案的制订等方面，以确保工程施工的顺利进行。

1. 建立安全管理体系

在边坡工程施工前，必须建立完善的安全管理体系。首先，应成立安全管理机构，明确各级安全管理人员的职责和权限。其次，应制订详细的安全管理制度和操作规程，确保施工过程中的各项活动符合安全规定。最后，还应建立安全检查和评估机制，定期检查，及时发现和消除安全隐患。

2. 危险源辨识与控制

在边坡工程施工过程中，需要对危险源进行辨识与控制。常见的危险源包括高处

坠落、物体打击、机械伤害、坍塌等。为了控制这些危险源，应采取以下措施。

（1）对施工现场进行安全分区，设置明显的安全警示标志。

（2）为施工人员配备符合标准的个人防护用品，如安全帽、安全带、防护鞋等。

（3）对施工机械和设备进行定期检查和维护，确保其安全可靠。

（4）对高处作业、爆破作业等高风险作业进行严格的安全管理，且作业人员应具备相应的资质和技能。

3. 施工人员培训与教育

在边坡工程施工前，应对施工人员进行安全培训与教育。培训内容应包括安全规章制度、操作规程、危险源辨识与控制、个人防护用品的使用、应急救援等方面。通过培训，提高施工人员的安全意识和操作技能，确保他们在施工过程中能够自觉遵守安全规定，正确应对各种安全风险。

4. 安全防护设施设置

在边坡工程施工过程中，应设置完善的安全防护设施。

（1）在施工现场周边设置围挡和警示标志，防止无关人员进入。

（2）在高处作业区域设置安全网和安全平台，防止高处坠落事故发生。

（3）在机械设备操作区域设置防护栏和警示标志，防止机械伤害事故发生。

（4）在临时用电设施周围设置绝缘材料和警示标志，防止触电事故发生。

5. 应急救援预案制订与实施

在边坡工程施工前，应制定完善的应急救援预案。预案应包括组织机构、职责分工、救援程序、通信联络、医疗救护等方面。同时，应定期组织应急救援演练，提高施工人员的应急救援能力。一旦发生安全事故，施工人员能够迅速启动应急救援预案，有效控制事故扩大，减少人员伤亡和财产损失。

（二）环境保护与监测

边坡工程作为土木工程中的重要组成部分，其施工与运营过程中不可避免地会对环境产生影响。因此，在边坡工程中，环境保护与监测显得尤为重要。下面详细探讨边坡工程的环境保护与监测措施，旨在实现工程与环境和谐共存。

1. 环境保护措施

（1）生态保护：在边坡工程施工前，应对施工区域的生态环境进行详细调查，了解当地植被、动物及微生物的分布情况，制订生态保护措施。施工过程中应尽量避免破坏自然植被和野生动物的栖息地等。施工结束后，应进行生态恢复工作，如植树种草等，促进生态环境的恢复。

（2）水土保持：边坡工程施工过程中，应采取有效的水土保持措施，防止水土流失。例如，可以设置挡土墙、排水沟等设施，减少雨水冲刷导致的土壤流失。同时，加强施工现场管理，严禁随意排放施工废水，以免对周边水体造成污染。

（3）噪声控制：边坡工程施工过程中产生的噪声污染会对周边居民的生活和工作产生不良影响。因此，应采取有效的噪声控制措施，如选用低噪声施工机械、合理安排施工时间等，降低噪声对周边环境的影响。

（4）废弃物处理：边坡工程施工过程中产生的废弃物如土方、废石、废渣等，若处理不当，会对环境造成污染。因此，应分类处理废弃物，尽量回收利用，减少废弃物对环境的影响。对于无法回收利用的废弃物，应选择合适的场地进行堆放或填埋，确保其不会对周边环境造成污染。

2. 环境监测措施

（1）施工期监测：在边坡工程施工期间，应对施工现场及周边的环境质量进行实时监测。例如，可以设置噪声监测点、空气质量监测点等，及时掌握施工活动对环境的影响情况。同时，应定期对施工区域进行巡视检查，及时发现并处理环境问题。

（2）运营期监测：在边坡工程投入运营后，应继续对环境进行长期监测。例如，可以设置位移监测点、渗流监测点等，对边坡工程的稳定性进行实时监测。分析数据并应用预测模型，评估工程对环境的影响趋势，为环境保护措施的调整提供依据。

（3）信息化技术应用：在边坡工程环境保护与监测中，应积极引入信息化技术。例如，可以利用无人机进行空中监测，运用大数据和人工智能技术进行数据分析和预测等，提高环境保护与监测的效率和准确性。

（4）风险预警与应急响应：在边坡工程环境保护与监测中，应建立完善的风险预警与应急响应机制。一旦发现环境问题或异常情况，应立即启动预警机制并采取相应的应急措施，降低其对环境和社会的影响。

八、边坡工程运维与管理

（一）运维管理体系

运维管理体系是现代企业、组织或机构为确保其业务持续、稳定运行所必须构建的重要体系。尤其在信息技术领域，运维管理体系对于保障系统安全、稳定和高效运行具有至关重要的意义。

1. 运维管理体系核心价值

运维管理体系的核心价值在于为企业或组织提供一个系统化、标准化的方法来管理和维护其技术基础设施。这不仅有助于减少系统故障、提高系统性能，还可以确保业务连续性，从而为用户或客户提供更好的服务。具体来说，运维管理体系可以带来以下好处。

（1）提高系统稳定性：通过日常的监控、维护和优化，减少系统故障的发生，确保业务的高可用性。

（2）优化成本：通过规范化的运维流程，提高工作效率，减少不必要的资源浪费。

（3）增强安全性：通过定期的安全检查和风险评估，及时发现并修复潜在的安全隐患，保障系统和数据的安全。

（4）促进创新：鼓励团队在运维过程中不断学习和探索新技术，以满足业务的持续发展需求。

2. 构建运维管理体系关键步骤

（1）制订战略和目标：明确运维管理体系建设的战略目标和具体指标，如系统可用率、故障响应时间等。

（2）组建专业团队：建立具备专业技能和经验的运维团队，负责日常的运维管理工作。

（3）制订流程和规范：根据业务需求和技术特点，制订详细的运维流程和操作规范，确保运维工作的规范化和标准化。

（4）采用合适的技术和工具：根据业务需求和技术特点，选择合适的运维管理工具和技术手段，提高运维效率和质量。

（5）建立监控和预警机制：通过实时监控和预警机制，及时发现和处理潜在的系统问题，防止业务中断。

（6）定期评估和持续改进：定期对运维管理体系进行评估和审计，发现问题及时改进，确保体系的持续优化和发展。

（二）定期检查与维护

1. 边坡工程定期检查

边坡工程的定期检查指对边坡工程的稳定性、安全性、环境保护等方面进行检查和评估，以确定工程质量和存在的问题。边坡工程的定期检查主要包括以下几个方面。

（1）边坡安全性检查：边坡安全性检查指对边坡的安全性进行评估和监测，以确定是否存在对周边环境和人员的安全造成威胁的问题。

（2）环境保护检查：环境保护检查指对边坡工程周边的环境进行检查和评估，以确定工程对环境的影响程度和存在的问题。

（3）工程质量检查：工程质量检查指对边坡工程的施工质量进行检查和评估，以确定工程质量是否存在问题。

2. 边坡工程维护

（1）边坡加固：对边坡进行加固处理，以提高边坡的稳定性和承载能力。

（2）边坡修复：修复边坡的破损和损坏部分。

（3）边坡保养：对边坡进行保养处理，以延长边坡的使用寿命，确保边坡的质量和安全性。

3. 边坡工程定期检查与维护的重要性

边坡工程定期检查与维护可以及时发现和解决问题，对于确保工程质量和延长工程寿命具有重要意义。维护边坡工程可以延长边坡的使用寿命，确保工程质量和安全性，同时也可以减少工程对周边环境和人员的影响，实现环境保护和可持续发展。

（三）应急预案

边坡工程作为土木工程中一项重要且复杂的任务，常常面临着诸多潜在风险，如边坡失稳、滑坡等。为了有效应对这些紧急情况，保障人民生命财产安全，降低潜在损失，制订一份全面而实用的应急预案至关重要。下面就边坡工程应急预案的制订与实施进行详细阐述。

1. 应急预案制订背景与目标

在制订边坡工程应急预案之前，必须充分了解工程所在地的地质条件、气候条件、施工状况等因素，对可能出现的紧急情况进行合理预测。应急预案的目标是在发生紧急情况时，能够迅速、有效地组织救援力量，最大程度地减少人员伤亡和经济损失，保障工程的稳定与安全。

2. 应急组织体系与职责划分

为确保应急预案的高效执行，必须建立一个完善的应急组织体系。该体系应包括应急指挥部、现场救援队、技术支持组、后勤保障组等。应急指挥部负责全面指挥协调，制订救援方案；现场救援队负责实施紧急救援工作；技术支持组提供必要的技术支持和建议；后勤保障组负责提供必要的物资和设备支持。

3. 应急响应流程与措施

（1）接警与研判：在接到边坡工程紧急情况的报警后，应急指挥部应立即组织相关人员赴现场进行情况研判，明确紧急情况的性质、范围和严重程度。

（2）启动应急预案：根据研判结果，应急指挥部决定是否启动应急预案。若决定启动，则马上通知各相关部门和人员进入紧急状态。

（3）现场救援：现场救援队应根据救援方案迅速展开救援工作，包括人员疏散、伤员救治、工程抢险等。同时，技术支持组应提供必要的技术指导和建议。

（4）物资保障：后勤保障组应根据现场需求及时提供必要的物资和设备支持，确保救援工作的顺利进行。

（5）信息沟通与协作：各部门之间应保持畅通的信息沟通渠道，及时共享现场情况和救援进展，确保救援工作的协同和高效。

（6）后期处理与总结：在紧急情况得到控制后，应组织相关人员进行后期处理和总结工作，包括伤员救治、工程修复、原因调查和经验教训总结等。

4. 培训与演练

为确保应急预案的高效执行，必须对参与应急响应的人员进行定期培训与演练。培训内容应包括应急预案的内容、应急响应流程、救援技能和安全知识等；演练形式可以包括模拟演练、桌面推演等，以提高参与人员的应急响应能力和协同作战能力。

5. 持续改进与优化

应急预案的制订与实施是一个持续改进与优化的过程。在实际应用中，应根据实际情况和反馈意见对预案定期进行评估与修订，确保其适应性和有效性。同时，应关注新技术和新方法的发展与应用，将其纳入应急预案中，以提高应急响应的能力和效率。

（四）监测数据分析与处理

1. 监测数据收集

（1）监测点的布置：在边坡工程的不同位置布置监测点，以收集不同位置的监测数据。

（2）监测数据的采集：对边坡工程的各监测点进行数据采集，以收集边坡工程的实际情况。

（3）监测数据的整理：对收集到的监测数据进行整理和分析，以确定边坡工程的实际情况。

2. 监测数据的处理

（1）数据清洗：对收集到的监测数据进行清洗和处理，以去除数据中的噪声和异常值。

（2）数据分析：对收集到的监测数据进行分析和评估，以确定边坡工程的实际情况。

（3）数据可视化：将收集到的监测数据进行可视化处理，以更直观地展示边坡工程的实际情况。

九、边坡绿化与美化

（一）边坡工程绿化

边坡工程绿化是指在边坡工程基础上，选用适宜的植物和绿化技术，对边坡进行生态恢复和景观美化的一系列工程措施。边坡绿化不仅能改善边坡的稳定性，减少水土流失，提高生态环境质量，还能美化边坡景观，促进边坡工程的可持续发展。下面从边坡绿化的原理、植物选择、绿化技术及施工要点等方面进行详细阐述。

1. 边坡绿化原理

边坡绿化主要是通过种植植物，达到保持边坡稳定、防止水土流失、改善生态环境的目的。植物可以有效地固定土壤，降低边坡的冲刷速率，提高边坡的抗侵蚀能力。此外，植物的根系还能改善边坡的力学性能，提高其抗滑稳定性。

2. 植物选择

选择边坡绿化的植物应遵循以下原则：适应性强、生长迅速、根系发达、抗逆性强、景观效果好。根据边坡的具体情况，可以选择以下几类植物。

① 草本植物：如黑麦草、狗牙根、白三叶等，具有生长迅速、覆盖度高的特点，能迅速形成绿色植被，降低水土流失。

② 灌木植物：如紫穗槐、沙地柏、沙枣等，具有较强的抗逆性和生长能力，能有效固定土壤，提高边坡稳定性。

③ 乔木植物：如杨树、柳树、松树等，具有较高的生态价值和景观效果，能形成稳定的生态系统，改善边坡生态环境。

3. 绿化技术及施工要点

① 喷播技术：将植物种子、肥料、保水剂等混合物通过喷播设备均匀地喷洒在边坡表面，以达到快速绿化的目的。喷播技术具有播种速度快、绿化效果明显等优点。

② 植生袋种植：将植物种子袋装入特殊的植生袋中，然后将植生袋固定在边坡上。植生袋具有良好的保水、保土性能，有利于植物的生长和发育。

③ 人工种植：在边坡上人工挖坑，将植物幼苗栽种于坑内，然后实施浇水、施肥等管理措施。人工种植具有绿化效果好、植物成活率高等优点。

④ 施工要点：

① 做好边坡的基础处理，保证边坡的稳定性和抗侵蚀性；

② 根据边坡的具体情况，选择适宜的绿化植物；

③ 严格遵循绿化施工技术要求，确保绿化效果；

④ 加强边坡绿化的后期管理，及时修剪、浇水、施肥，确保植物的健康生长。

（二）边坡工程美化

边坡工程美化是在边坡绿化基础上，选用具有较高观赏价值和生态功能的植物，采用合理的绿化布局和造型，创造出美观、和谐、可持续的边坡景观。

1. 边坡美化设计原则

① 生态性：选用具有较高生态功能的植物，保证边坡的生态效益；

② 美观性：选用具有较高观赏价值的植物，创造美观的边坡景观；

③ 多样性：采用多样的植物布局和造型，增加边坡的生物多样性；

④ 可持续性：确保边坡绿化效果的长期稳定，实现边坡资源的可持续利用。

2. 植物种类选择

选择边坡美化植物应注重生态性、美观性和多样性，可以根据以下几个方面进行选择。

① 地被植物：如景天、铺地龙等，具有覆盖速度快、生长低矮的特点，能有效防止水土流失，美化边坡景观。

② 花卉植物：如波斯菊、百日菊等，具有较高的观赏价值，能增加边坡的美观性。

③ 灌木植物：如玫瑰、金银花等，具有较好的生态功能和观赏效果，能形成丰富的边坡景观。

④ 乔木植物：如杨树、柳树等，能营造稳定的生态系统，提高边坡的生态功能。

3. 美化技术及施工要点

美化技术，顾名思义，指通过一系列方法和技术手段，美化环境、场所、物品的视觉效果，乃至提升人的审美价值。在当今社会，美化技术已经广泛应用于园林景观、建筑装饰、家居环境、艺术品修复等多个领域。下面重点介绍美化技术的种类及其应用。

（1）美化技术的种类。

① 园林景观美化技术：通过对园林景观的规划、设计、施工和养护，创造出美丽、和谐、宜人的户外空间。包括园林绿化、水景营造、地形塑造、灯光照明等。

② 建筑装饰美化技术：通过室内外装饰材料、色彩、造型等手段，提高建筑物的美观性和实用性。包括墙面装饰、地面装饰、门窗装饰、家具设计等。

③ 家居环境美化技术：通过家具摆放、软装饰品、色彩搭配等手段，提升居住环境的舒适度和审美价值。包括室内设计、家居陈设、窗帘挑选等。

④ 艺术品修复美化技术：通过清洗、修复、翻新等手段，恢复艺术品的原貌及审美价值。包括绘画、雕塑、陶瓷、家具等艺术品的修复等。

⑤ 其他美化技术：包括美容护肤、美发美甲、形象设计等，旨在提升个人形象和气质。

（2）美化技术的应用。

① 园林景观美化：科学配置绿植、水体、地形、建筑等元素，实现生态、美学、社会等多重效益。例如城市绿化带、公园、景区等。

② 建筑装饰美化：提升建筑物的外观品质和室内环境品质，实现美观与实用的统一。如商业空间、住宅、酒店等。

③ 家居环境美化：创造温馨、舒适的居住环境，满足居住者的审美需求。如家庭室内装修、家居陈设等。

④ 艺术品修复美化：恢复艺术品的历史价值、艺术价值和观赏价值。如博物馆、艺术品收藏等。

⑤ 个人美化：提升个人形象和气质，增强自信心。如美容护肤、美发美甲、形象设计等。

（3）美化技术的发展趋势。

① 绿色环保：美化技术在发展过程中，越来越注重绿色环保，减少对环境和资源的消耗。

② 个性化：随着消费者审美观念的多样化，美化技术越来越注重个性化定制，以满足不同群体的需求。

③ 数字化：数字化技术的发展，为美化技术带来新的可能性，如虚拟现实、3D打印等。

④ 跨学科：美化技术逐渐与其他学科融合，如生物学、化学、物理学等，实现跨界创新。

（4）美化技术的施工要点。施工要点指在进行美化工程过程中，需要注意的关键环节和细节。以下重点介绍美化施工的要点，以保证工程质量和效果。

① 设计阶段：在美化工程设计阶段，要注重创意与实用的结合，充分考虑业主需求、场地条件、预算等因素。设计师要具备良好的审美观、专业知识和丰富经验，确保设计方案的可行性和实施性。

② 材料选择：材料选择是美化工程的关键环节，要选择质量优良、安全环保、性价比高的材料。如绿化植物要选择适应性强、生长速度快、观赏价值高的品种；装

57

饰艺术材料要考虑耐磨、易清洗、美观等特点；灯光设备要选用节能、长寿、安全的产品。

③ 施工工艺：施工工艺是影响美化工程质量的重要因素，各类美化技术均有特定的施工方法和工艺要求。如绿化施工要注重土壤改良、苗木栽植、浇水施肥等；装饰艺术施工要保证画面清晰、工艺精湛、安全牢固；灯光施工要考虑照明效果、节能环保、电路安全等。

④ 质量验收：质量验收是美化工程的重要环节。施工完成后，要组织验收，确保工程质量符合设计要求和规范，验收内容包括工程质量、材料质量、安全性等方面。如绿化工程要检查植物成活率、土壤肥力、灌溉设施等；装饰艺术工程要检查画面效果、工艺质量、耐用性等；灯光工程要检查照明效果、照明系统、节能效果等。

⑤ 后期维护：后期维护是保证美化工程长期稳定运行的关键，要制订合理的维护计划，定期对工程进行检查、保养、维修。如绿化工程要定期修剪、施肥、病虫害防治；装饰艺术工程要定期清洁、修补、更换损坏部件；灯光工程要定期检查光源寿命、电路安全、照明效果等。

≫ 第二节　土木工程设计与管理

一、土木工程概述

土木工程是一门涵盖广泛、历史悠久的工程学科，主要研究利用土壤和岩石等自然材料以及人造材料，进行基础设施的设计、建造和维护。土木工程涉及的范围十分广泛，包括建筑、道路、桥梁、隧道、水利、环保等各个领域，与人类的生产和生活密切相关。

土木工程的起源可以追溯到古代，古埃及的金字塔、古罗马的水道、中国的长城等伟大工程都是土木工程的杰出代表。随着科技的进步，土木工程逐渐发展为一门系统的学科，涵盖了更多的领域和更复杂的技术。在现代社会，土木工程师需要掌握数学、物理、力学、地质学等多方面的知识，同时还需要具备创新意识和解决问题的能力。

土木工程的主要任务包括规划、设计、施工和维护基础设施。规划阶段需要考虑工程的经济性、安全性和环保性，设计阶段需要详细的施工图纸和技术规范，施工阶段需要组织施工队伍和设备进行现场施工，维护阶段需要对基础设施进行定期检查和维修，确保其安全可靠地运行。在每个阶段中，土木工程师都需要与建筑师、结构工程师、环境工程师等其他专业人员紧密合作，共同完成项目。

土木工程的发展对于人类社会的进步具有重要意义，因为基础设施的完善可以提高人民的生活水平，促进经济发展和社会进步。同时，土木工程还需要关注环境保护和可持续发展的问题，推动绿色施工、应用节能减排等技术，为人类创造更加美好的生活和工作环境。

二、土木工程设计

（一）设计阶段

土木工程设计是对土木工程项目进行全面规划和构思，主要包括初步设计、扩大初步设计和施工图设计三个阶段。

1. 初步设计阶段

在这个阶段，设计师需要根据项目的需求和条件，充分考虑工程的实用性、安全性和经济性，对工程进行整体规划，确定工程的基本结构、布局和规模，以确保项目在后续的实施过程中能够顺利进行。此外，该阶段还需要确定工程所需的材料、设备和技术，并对工程进度进行初步规划。

2. 扩大初步设计阶段

在初步设计的基础上，扩大初步设计阶段需要对工程细节进行更深入的分析和优化。这个阶段主要完成包括结构设计、材料选择、施工方法和技术方案的完善等工作。此外，还须对工程的投资预算进行详细估算，以便为施工图设计提供准确的依据。

3. 施工图设计阶段

施工图设计阶段是设计的最后一步，也是最为关键的一步。在这个阶段，设计师需要根据扩大初步设计的成果，绘制出详细、准确的施工图纸。施工图纸包括结构图纸、安装图纸、施工图纸等，它们为施工提供了明确的指导。此外，施工图设计阶段还须编制施工组织设计和质量、安全、环保等相关措施，以确保工程施工的顺利进行。

（二）设计流程

土木工程设计流程是一个系统性的过程，主要包括以下几个环节。

1. 前期调研

在设计开始之前，设计师需要对项目进行充分的前期调研，了解项目的背景、需求、功能、规模等信息，同时收集相关资料，如地质、地形、气候、水文等，以便为后续设计提供依据。

2. 方案比选

在前期调研的基础上，设计师需要提出多个设计方案，并根据实用性、安全性、经济性等方面对这些方案进行比选，最终确定一个最优方案作为设计的依据。

3. 设计深化

方案选定后，设计师需要进行设计深化，主要包括结构设计、材料选择、施工方法和技术方案的确定，同时要满足相关规范和标准的要求。

4. 设计评审

在设计深化完成后，需要对设计成果进行评审，确保设计方案能够满足项目的需求。评审内容包括设计文件的完整性、准确性、可行性等。评审通过后，将设计成果提交给相关部门审批。

5. 设计审批

设计审批是对设计成果的合法性和合规性进行审查。审批通过后，设计成果正式成为施工的依据。

6. 设计交底

在设计审批完成后，设计师需要向施工方、监理方等相关单位进行设计交底。设计交底主要包括阐述设计意图、解释设计文件、明确施工要求等内容，以确保施工方能够准确理解设计方案。

7. 施工配合

在施工过程中，设计师需要密切关注施工进展，及时解决施工中出现的问题。如有需要，设计师还须对设计文件进行局部调整，以适应施工实际情况。

（三）土木工程设计原则

土木工程设计原则是指在土木工程项目的规划、设计和实施过程中遵循的一系列具有普遍性和规范性的指导原则。这些原则旨在确保项目的安全、可靠、经济、合理和可持续发展。以下是土木工程设计过程中应遵循的主要原则。

1. 安全性原则

安全性是土木工程设计的首要原则。设计人员应充分考虑项目所在地的自然环境、地质条件、地形地貌等因素，确保工程结构安全可靠，减少自然灾害和人为事故对工程项目的影响。

2. 可靠性原则

土木工程设计应保证项目的长期稳定性和可靠性。设计人员需要对工程结构进行合理分析、计算和校核，确保其在使用年限内能够承受各种自然力和外部荷载的影响。

3. 经济性原则

在保证安全可靠的前提下，土木工程设计应力求经济合理。设计人员须通过优化设计方案、合理选用材料、减少浪费等手段，降低工程成本，提高投资效益。

4. 适应性原则

土木工程设计应充分考虑项目所在地的社会、经济、环境等因素，确保工程结构既与周边环境相协调，又具有一定的适应性，以应对未来可能发生的变化。

5. 可持续性原则

土木工程设计应遵循可持续发展理念，关注环境保护、资源节约和清洁能源利用，实现经济效益、社会效益和环境效益的协调发展。

6. 创新性原则

在保证安全、可靠、经济的前提下，设计人员应积极探索新技术、新方法、新材料的应用，推动土木工程领域的技术创新和发展。

7. 合规性原则

土木工程设计应严格遵守国家法律法规、行业规范和地方性规定，确保项目合规合法。

（四）土木工程设计要求

土木工程设计要求是在项目设计阶段，依据工程类型、规模、功能、标准、场地条件等因素，对设计内容、设计深度、设计质量等方面提出的具体要求。以下是土木工程设计的主要要求。

1. 设计内容要求

土木工程设计应涵盖工程项目的全部内容，包括工程总体布局、结构类型、材料选用、施工技术、工程概算、施工组织设计等。

2. 设计深度要求

设计深度应符合国家有关规定。初步设计阶段应完成工程可行性研究、方案比选、主要结构设计、设备选型等工作；施工图设计阶段应完成详细设计、图纸绘制、工程量清单编制等工作。

3. 设计质量要求

土木工程设计质量应满足国家有关标准、规范和规程的要求。设计文件应完整、准确、清晰、规范，确保施工能依照设计顺利进行。

4. 安全性要求

设计人员应充分考虑项目的安全性，确保工程结构在施工和使用过程中安全可靠。安全性审查是设计质量的重要环节，须严格把关。

5. 经济性要求

设计人员应力求提高投资效益，降低工程成本。在经济性方面，应进行多方案比选，力求选用合理、经济的结构形式、材料和施工技术。

6. 适应性要求

土木工程设计应具备一定的适应性，以应对未来可能发生的变化。设计人员须充分考虑项目所在地的地理、气候、社会、经济等因素，确保工程结构与周边环境相协调。

（五）土木工程设计软件

1. 概述

土木工程设计软件是一类专门应用于土木工程领域的计算机辅助设计（CAD）软件。它们为土木工程师提供了高效、精确的设计工具，有助于提高设计质量、缩短设计周期和降低设计成本。这类软件涵盖了从概念设计到施工管理的整个过程，能应用于结构设计、土建工程、道路与桥梁设计、水利工程等多个方面。

2. 类型及功能

① 结构设计软件：如 SAP 2000、ETABS 等，主要用于建筑结构、桥梁结构、岩土工程等领域的计算分析与设计，功能包括建模、计算、绘图、分析等。

② 土建工程软件：如 AutoCAD、Revit 等，主要用于建筑施工图、结构施工图、管道设计等，功能包括绘图、编辑、三维可视化等。

③ 道路与桥梁设计软件：如 Civil 3D、BridgeLink 等，主要用于道路、桥梁、隧道等工程的设计与分析，功能包括地形处理、路线设计、结构计算、绘图等。

④ 水利工程软件：如 hydraulic、WaterCAD 等，主要用于水工建筑物、河道整治、水资源调度等领域的设计与分析，功能包括水力计算、水文分析、模型模拟等。

3. 技术特点

① 参数化设计：通过参数化建模、公式驱动等方式，实现设计方案的快速调整和优化。

② 智能化：利用人工智能技术，实现设计建议、自动计算、错误检查等功能。

③ 三维可视化：提供直观的三维模型，便于设计师观察、分析和修改设计方案。

④ 协同设计：支持多用户、多专业的协同设计，提高设计效率和准确性。

4. 发展趋势

① 云计算：将土木工程设计软件部署在"云端"，实现数据的实时共享和跨平台操作。

② 大数据：利用大数据技术，为设计提供更为精准的参数和依据。

③ BIM 技术：将 BIM 技术应用于土木工程设计，实现设计、施工、运维的一体化管理。

④ 跨专业集成：加强土木工程设计软件在各专业领域的整合，提高设计协同性。

（六）土木工程设计软件的作用

1. 提高设计质量

土木工程设计软件能够实现精确的计算、分析和绘图，有效减少设计错误和遗漏，从而提高设计质量。此外，软件还能为设计师提供多种方案对比，有助于优化设计方案。

2. 缩短设计周期

通过自动化计算、绘图和编辑等功能，土木工程设计软件大大提高了设计效率。同时，软件中的协同设计功能使得各专业之间的沟通更加顺畅，降低了设计周期。

3. 降低成本

土木工程设计软件有助于实现设计的精细化管理，有助于发现和解决潜在问题，从而降低施工过程中的风险成本。此外，软件还可以辅助进行成本估算和控制，提高项目的经济效益。

4. 绿色设计

软件可以为设计师提供绿色设计方案和技术支持，设计师可以更加方便地实现绿色设计理念，如节能、环保、可持续发展等，从而提高项目的环境友好性。

5. 跨专业协同

土木工程设计软件支持多专业、多用户协同设计，有助于提高设计团队的协作效率；支持实时共享数据和协同操作，有助于减少设计误差，提高项目成功率。

6. 施工管理与运维

土木工程设计软件可以为施工提供详细的设计图纸和技术要求，有助于保障施工质量。同时，软件还可以应用于项目运维阶段，为设施管理、维修保养等提供支持。

7. 工程教育与培训

土木工程设计软件作为一种实用工具，对培养新一代土木工程师具有重要作用。使用者在实际操作中，可以更好地理解土木工程原理，提高实际工程能力。

三、土木工程管理

（一）项目管理框架

土木工程项目管理框架是确保土木工程项目高效、有序完成的关键，其核心目标是在规定的时间、成本和质量范围内，完成项目目标。为实现这一目标，土木工程项目管理通常采用以下框架。

1. 项目立项与规划

这一阶段主要是对项目的可行性进行研究，明确工程目标，制订总体规划，并进行风险评估。关键输出为项目建议书和可行性研究报告。

2. 项目设计

基于项目需求，进行详细设计，包括结构设计、系统设计、施工图设计等。这一阶段要确保设计与规划阶段的目标一致，同时要开始考虑施工方法和材料采购。

3. 招投标与合同管理

依据设计要求，制订招标文件，公开或邀请招标。评估投标单位的资质和技术方案，选定承包商，并签订工程合同。合同管理要确保双方权益，明确责任与义务。

4. 项目施工

这是项目管理的核心阶段，涉及施工组织、进度控制、质量管理、安全管理、成本控制等多方面。通过定期的施工会议和进度报告，确保项目按计划进行。

5. 竣工验收与交付

完成所有施工活动后，进行工程验收，确保工程符合设计要求和质量标准。验收合格后，进行工程交接，将工程移交给业主或使用单位。

6. 后评价与维护

项目交付使用后，进行后评价，总结项目经验，为日后的工程提供参考。同时，根据合同约定，进行质保期内的维护工作。

（二）工程进度管理

土木工程进度管理是指在土木工程项目中，对工程进度进行全面、系统、协调、控制和管理的一系列活动。其目的是确保项目按时完成，达到预定的质量、成本和效益目标，以满足业主和使用者的需求。

1. 进度计划制订

在土木工程项目初期，必须制订详细的进度计划。该计划应该包括工程的所有阶段，从设计到施工、验收和维护等。制订进度计划时，要考虑各种因素，如工程量、工程难度、地理环境、气候条件、材料和设备供应等。同时，还要根据项目的紧急程度和优先级，合理安排时间节点和工期。

2. 进度控制

在土木工程项目实施过程中，要对进度进行实时控制。通过对实际进度与计划进度进行对比和分析，及时发现问题和偏差，采取有效的措施进行纠正和调整。进度控制还需要与质量管理、成本管理等其他管理活动进行协调和配合，确保整个项目的顺利推进。

3. 影响进度的因素及应对措施

在土木工程项目实施过程中，很多因素都可能对进度产生影响，如设计变更、材料供应不足、施工条件恶劣、自然灾害等。为了降低这些因素对进度的影响，需要采取相应的应对措施。例如，加强与设计方的沟通和协调，提前采购并储备相关材料和设备，改善施工条件，加强风险管理等。

4. 信息化技术应用

现代信息化技术在土木工程进度管理中发挥着越来越重要的作用。例如，使用项目管理软件可以对进度计划进行编制和优化，实现进度的实时监控和预警；采用物联网技术对施工现场进行监控和管理；应用大数据分析技术对工程进度进行预测和决策等。这些技术的应用可以大大提高进度管理的效率和准确性。

5. 团队合作与沟通

在土木工程进度管理中，团队合作和沟通至关重要。各参建单位之间要保持密切的联系和合作，共同解决问题和应对挑战。同时，还要建立有效的沟通机制和渠道，确保信息的及时传递和共享。各参建单位通过团队合作和沟通，可以形成合力，推动项目的顺利实施。

（三）质量管理与控制

1. 质量管理

质量管理与控制是现代企业运营中至关重要的环节，涉及产品从设计、生产、使用、回收再到处置的整个过程。质量管理的主要目标是确保产品满足既定的质量标准，并不断提升产品质量。

质量管理的第一步是制订质量计划。企业需要明确质量目标、质量标准和相关法律法规要求，并确保产品在设计、生产和使用过程中符合这些要求。质量计划还应包括质量保证和质量改进的措施，以持续提高产品质量。

其次，企业需要建立健全的质量管理体系。这一体系包括质量控制、质量保证和质量改进三个部分。质量控制主要是通过检验、检测和试验等手段，确保产品在生产过程中符合质量标准。质量保证则是对整个生产过程系统地进行监控和评估，确保产品质量的稳定。质量改进是通过持续改进和创新，提升企业的质量管理水平。

在质量管理过程中，企业还需要重视员工培训和激励，应定期对员工进行质量管理知识和技能的培训，以提高员工的质量意识和管理能力。同时，通过设立质量奖励制度，激励员工积极参与质量管理活动，推动质量持续改进。

2. 质量控制

质量控制是企业在生产过程中确保产品符合质量标准的关键环节，主要包括预防性控制、过程控制和事后控制三个阶段。

预防性控制是在产品生产前采取的措施，以防止不合格产品的产生。企业应从设计、工艺和原材料等方面入手，降低生产过程中的风险。预防性控制措施包括选用优质原材料、优化工艺流程和选择合理的生产设备。

过程控制是在产品生产过程中进行的实时监控，以确保产品质量稳定。企业应采用合适的检测设备和技术，对生产过程中的关键环节进行严密监控。过程控制主要包括生产过程中的检验、检测和试验等环节。

事后控制是在产品生产完成后进行的质量控制措施。企业通过对成品进行检验、检测和试验，判断产品是否符合质量标准。如果发现问题，应及时分析原因，制订改进措施，避免类似问题再次发生。

质量控制需要运用科学的方法和工具，如控制图、鱼骨图、帕累托图等。这些工具可以帮助企业识别和分析质量问题，采取相应的改进措施。

此外，企业应建立健全质量控制体系，确保质量控制活动有序进行。质量控制体系包括质量控制计划、质量控制记录、质量控制分析和改进等环节。通过这些环节的有机结合，企业可以有效地控制产品质量，提高客户满意度。

（四）成本管理与控制

成本管理与控制是土木工程项目管理中至关重要的一环，它涉及项目的经济效益和可行性，直接关系到项目的成败。

1. 成本估算与预算

在土木工程项目初期，要对项目成本进行详细的估算和预算。成本估算是指根据工程量清单、定额、市场价格等信息，预测项目所需的总成本。预算则是在成本估算的基础上，结合项目的进度计划，制订详细的成本预算表，包括人工费、材料费、机械设备费、管理费、税费等。

2. 成本控制原则

在土木工程项目实施过程中，要遵循一定的成本控制原则。首先，要坚持全面成本控制原则，对项目的各个环节和各个方面进行全面管理，防止成本失控。其次，要坚持动态成本控制原则，根据实际情况及时调整成本控制策略，确保成本控制的有效性。最后，要坚持责权利相结合的原则，明确各参建单位在成本控制中的责任和义务，形成合力。

3. 成本控制方法

土木工程项目中常用的成本控制方法包括以下几种。

（1）价值工程法：通过对工程的功能进行分析和评价，寻找实现功能的最低成本方案，从而提高工程价值。

（2）赢得值法：通过对项目进度的赢得值和实际成本进行比较和分析，及时发现问题和偏差，采取有效的措施进行纠正和调整。

（3）目标管理法：通过制订明确的成本管理目标，将目标分解到各参建单位和部门，实施目标管理和考核，确保成本控制目标的实现。

（4）成本控制信息化：借助现代信息技术手段，如项目管理软件、大数据分析等，对项目成本进行实时监控、预测和分析，提高成本控制效率和准确性。

4. 材料设备采购与管理

材料和设备是土木工程项目成本的重要组成部分。在采购过程中，要选择质量好、价格合理的供应商，签订采购合同，明确采购数量、价格、交货时间等。在管理过程中，要加强对材料和设备的验收、保管、使用和维护等环节的管理，防止浪费和损坏。

5. 人工成本控制

人工成本是土木工程项目成本的重要组成部分。在控制人工成本时，要制订合理的劳动力计划，避免劳动力浪费；要加强对员工的培训和管理，提高工作效率；要推行绩效管理制度，激励员工积极工作；要加大员工福利和安全生产等方面的投入，提高员工的工作满意度和忠诚度。

6. 变更与索赔管理

在土木工程项目实施过程中，可能会因为设计变更、工程量变化等原因导致成本发生变化。此时，要及时进行变更管理和索赔管理。变更管理是指对变更的原因、影响和处理方案进行审批和控制；索赔管理是指根据合同条款和实际情况，对承包商提出的索赔进行审核和处理。

（五）安全管理与风险评估

1. 安全管理

在当今社会，安全管理已经成为企业、学校和政府部门等各个领域关注的焦点。下面从安全管理的重要性、安全管理的具体措施以及如何提高安全管理水平等方面对安全管理进行详细阐述。

（1）安全管理的重要性。安全管理关乎企业、学校和社会的稳定与发展。只有确保各领域的安全，才能为各项工作的顺利进行提供良好保障。安全管理的重要性体现在以下几个方面。

① 保障人民群众的生命财产安全：安全管理有助于预防和减少事故的发生，确保人民群众的生命财产安全。

② 促进社会经济发展：各领域安全状况良好，有助于提高生产力、促进创新和

扩大投资，进而推动社会经济的持续发展。

③ 提高公共管理水平：良好的安全管理体现了一个国家或地区的公共管理水平，有助于提高政府的公信力和国家的国际形象。

（2）安全管理的具体措施。

① 完善安全管理制度：建立完善的安全管理制度，明确各级安全管理职责，确保安全管理工作有序进行。

② 加强安全教育：提高员工、学生等社会各界人士的安全意识，通过安全教育加强其自我保护能力。

③ 加大投入，提高安全设施设备水平：在人力、物力、财力等方面加大投入，提高安全设施设备水平，为安全管理提供硬件支持。

④ 开展安全隐患排查治理：定期开展安全隐患排查，对发现的问题及时整改，确保安全隐患不遗留、不扩散。

⑤ 建立健全应急预案：针对突发事件，建立健全应急预案，提高应对突发事故的能力。

（3）提高安全管理水平。

① 创新安全管理理念：积极引入先进的安全管理理念，实现安全管理的现代化。

② 加强安全管理信息化建设：利用信息技术手段，提高安全管理的实时性、准确性和有效性。

③ 强化安全管理人员队伍建设：加强安全管理人员队伍建设，提高安全管理人员的专业素质和能力。

④ 开展安全管理交流与合作：通过国内外的安全管理方面的交流与合作，借鉴先进的管理经验，提升我国安全管理整体水平。

2. 风险评估

风险评估作为安全管理的重要组成部分，对于预防和减少事故的发生具有重要意义。以下从风险评估的重要性、风险评估的方法及如何提高风险评估的有效性等方面进行阐述。

（1）风险评估的重要性。风险评估指在对某一系统、设施、工艺或活动进行安全性评价时，对其潜在危险性进行识别、分析和评估。风险评估的重要性体现在以下几个方面。

① 有助于发现潜在安全隐患：通过对系统、设施、工艺或活动的风险评估，可以发现潜在的安全隐患，为防范事故提供依据。

② 合理配置安全资源：根据风险评估结果，可以合理配置安全资源，提高安全管理投入的针对性和有效性。

③ 提高事故防范和应急处置能力：通过风险评估，可以提高事故防范和应急处置能力，降低事故发生的风险。

④ 有利于法律法规的遵守：风险评估有助于企业遵守国家和地方政府制订的相关法律法规，避免因违法违规受到处罚。

（2）风险评估的方法。

① 危险源识别：通过对系统、设施、工艺或活动进行全面分析，找出可能的危险源头。

② 风险分析：针对识别出的危险源，分析其可能导致的事故类型、事故后果及事故发生的可能性。

③ 风险评估：根据风险分析结果，对各种事故风险进行定量和定性评估，确定风险等级。

风险评价：对风险评估结果进行综合分析，提出风险评价结论。

（3）提高风险评估的有效性。

① 采用科学、合理的方法进行风险评估：根据评估对象的特点，选择适用的风险评估方法，确保评估结果的准确性。

② 加强风险评估队伍建设：提高风险评估人员的专业素质和能力，确保评估工作的顺利进行。

③ 充分运用先进技术手段：利用大数据、人工智能等先进技术手段，提高风险评估的实时性、准确性和有效性。

④ 不断完善风险评估体系：根据实际工作情况，及时调整和完善风险评估体系，确保其适应性和实用性。

四、土木工程设计与管理的关系

在土木工程领域，设计与管理之间存在密切的互动关系。设计是项目管理的基础，而管理则是确保项目按照设计方案顺利进行的关键。下面重点分析设计与管理之间的互动作用，以及它们在项目中的应用。

（一）互动关系原理

1. 设计对管理的影响

设计团队的创造性工作将为项目管理提供必要的技术支持和依据。设计成果是项目管理的基础，设计成果的优劣将直接影响项目能否顺利进行。

2. 互动过程中的协同与沟通

在设计与管理互动过程中，协同和沟通至关重要。项目团队需要保持紧密的联系，确保设计与管理的目标一致。通过不断沟通与反馈，项目团队可以及时调整设计方案，使之更符合项目需求。

（二）互动关系在项目中的应用

1. 项目启动阶段

项目管理团队须对项目进行全面分析，明确项目目标、范围、进度、成本和质量等方面的要求。

2. 设计阶段

设计团队在项目管理的指导下，开展创新性设计工作。项目管理团队须密切关注设计进度，确保设计成果符合项目需求。同时，项目管理团队还须对设计方案进行多次评审，以确保设计质量。

3. 施工阶段

项目管理团队须根据设计成果制订详细的施工计划，并监督施工过程中的质量、进度和安全管理。在施工过程中，项目管理团队还须与设计团队保持密切沟通，以便及时解决施工中出现的问题。

4. 项目验收阶段

项目管理团队须组织验收小组，对项目成果进行验收。验收小组须依据设计文件和相关标准，对项目质量、进度和成本等方面进行全面评估。

五、土木工程设计与管理的关键环节

（一）前期调研与策划

前期调研与策划是土木工程设计与管理的关键环节之一。在这个环节中，需要对项目进行全面深入的调查和研究，以确保项目的顺利进行。前期调研与策划主要包括以下几个方面。

1. 项目背景调研

了解项目的发起背景、目的和意义，分析项目在社会、经济和环境等方面的影响。同时，搜集项目相关的政策法规、技术标准和行业规范等资料，为后续设计和管理提供依据。

2. 工程地质勘查

通过地质勘查，了解工程所在地的地质条件，包括地层、岩性、构造、水文地质等，为工程设计和基础施工提供地质依据。此外，还须评估地质灾害风险，制定相应的防治措施。

3. 工程水文气象勘查

分析工程所在地的水文气象条件，包括降水、蒸发、径流、潮汐等，为水利工程设计和施工提供水文气象依据。同时，评估水文气象灾害风险，制订相应的防治措施。

4. 环境影响评价

根据工程特点和所在地的环境，评估项目对环境的影响，包括大气、水体、土壤、噪声、生态等方面。根据评估结果，制订相应的环境保护措施，以确保项目在设计和管理过程中符合环保要求。

5. 交通与基础设施调查

了解工程所在地的交通状况、基础设施配套情况，以及周边地区的发展规划，确保项目在设计和施工过程中能够有效衔接现有基础设施，从而提高项目的运营效率。

6. 工程经济分析

对项目的投资、建设和运营成本包括工程造价、经济效益、投资回报期等进行全面分析，评估项目的财务可行性和经济合理性，为项目决策提供经济依据。

7. 风险评估与管理

在前期调研的基础上，对项目可能面临的风险进行全面评估，包括自然灾害、人为灾害、技术风险、市场风险等。根据风险评估结果，制订相应的风险防范和应对措施，确保项目的安全稳定运行。

（二）设计方案比选与优化

设计方案比选与优化也是土木工程设计与管理的关键环节。在项目实施过程中，设计方案的选定直接关系到工程质量、进度和投资。因此，对设计方案进行比选和优化至关重要。具体来说，设计方案比选与优化主要包括以下几个步骤。

1. 设计任务书编制

根据项目前期调研与策划的成果，编制设计任务书。设计任务书应明确项目目标、功能要求、技术标准、工程规模、建设地点等，为设计单位提供设计依据。

2. 设计单位选定

通过公开招标或邀请招标的方式，选定具有相应资质和经验的设计单位。招标过程中，应充分考虑设计单位的综合实力、设计理念、技术水平、项目管理等方面，确保选定的设计单位能够胜任项目设计工作。

3. 设计方案提交

设计单位根据设计任务书的要求，提交设计方案。设计方案应包括工程总体布局、结构形式、建筑造型、材料设备选型、施工技术等方面。设计方案提交后，项目管理部门应对方案进行审查，确保其符合设计任务书标准和其他相关技术标准。

4. 设计方案比选

① 技术可行性：评估设计方案的技术难度、创新性、安全性、可靠性等，确保方案在技术上是可行的。

② 经济合理性：分析设计方案的投资成本、运营成本、维护成本等，评价其经济合理性。

③ 环境影响：评估设计方案对环境的影响，包括污染排放、资源消耗、生态影响等，确保方案符合环保要求。

④ 社会效益：分析设计方案对社会效益的影响，包括就业、产业发展、区域发展等，确保方案产生良好的社会效益。

5. 设计方案优化

① 设计调整：针对设计方案中存在的问题，进行调整和改进，提高方案的合理性和可行性。

② 技术创新：引入新技术、新材料、新工艺等，提高设计方案的技术水平和竞争力。

③ 成本控制：在保证工程质量的前提下，优化设计方案，降低工程成本。

④ 环境影响减小：采取措施降低设计方案对环境的影响，符合环保要求。

6. 设计方案审批

项目管理部门对优化后的设计方案进行审批，确保方案符合法律法规、技术标准和相关政策要求。

（三）施工图审查与批准

施工图审查与批准是土木工程设计与管理的关键环节之一。以下详细讨论施工图审查的重要性、审查流程及批准后的实施措施。

施工图审查指在施工图设计完成后，对图纸进行全面、深入的审查，以确保设计符合相关法律法规、规范标准和技术要求，为施工提供可靠的依据。施工图审查的主要内容包括设计文件的完整性、正确性、一致性、可行性及安全性等。

1. 审查的重要性

施工图审查的重要性体现在以下几个方面。

（1）保障工程质量。审查施工图，可以及时发现并改正设计中的缺陷和问题，降低施工过程中出现质量问题的风险。

（2）确保工程安全。审查施工图可以确保设计符合安全规范，预防安全事故的发生。

（3）提高工程效益。合理的施工图审查可以优化工程设计，降低工程成本，提高投资效益。

（4）确保工程符合法律法规要求。施工图审查有助于确保工程符合国家法律法规、城市规划及环保要求。

2. 审查流程

施工图审查流程一般包括以下几个阶段。

（1）申报：设计单位完成施工图设计后，向相关部门提交施工图审查申请。

（2）受理：审查部门收到申请后，对申请材料进行审核，确认材料齐全、符合要求后，予以受理。

（3）审查：审查部门组织专家或技术人员对施工图进行全面审查，提出审查意见。

（4）修改：设计单位根据审查意见进行图纸修改，并提交修改后的图纸。

（5）批准：审查部门对修改后的图纸进行审核，确认符合要求后，颁发施工图审查批准书。

（6）备案：设计单位将施工图审查批准书、施工图及相关资料进行备案，为后续施工和验收提供依据。

3. 审查后的实施措施

施工图审查批准后，项目各方应采取以下措施。

（1）设计单位应按照审查批准后的施工图进行施工，并及时处理施工过程中的设计问题。

（2）施工单位应按照施工图进行施工，确保工程质量、安全、环保等方面的要求得到满足。

（3）监理单位应加强对施工现场的监督管理，确保各项工程的质量、安全、环保等措施在施工过程中得到落实。

（4）建设单位应加强对项目全过程的管理，确保工程按照设计要求、法律法规及合同约定顺利进行。

4. 施工现场管理与协调

施工现场管理与协调是土木工程设计与管理的关键环节之一。下面详细讨论施工现场管理的重要性、协调措施及实际操作中的注意事项。

施工现场管理指对施工现场进行全方位、全过程的规划、组织、协调、控制与监督，以确保工程顺利进行。施工现场管理的主要内容包括施工现场布置、施工组织设计、施工技术管理、施工现场质量控制、施工现场安全文明施工等。

（1）施工现场管理的重要性。施工现场管理的重要性体现在以下几个方面。

① 保障工程质量。良好的施工现场管理有助于确保工程质量，提高项目整体水平。

② 确保工程安全。加强施工现场安全管理，可预防安全事故的发生，降低施工风险。

③ 提高工程效益。高效的施工现场管理可以降低工程成本，缩短工程周期，提高投资效益。

④ 提升企业形象。良好的施工现场管理有助于树立良好企业形象，提升企业竞争力。

（2）协调措施。施工现场协调指对施工现场的人、物、事、信息等各方面进行有效协调，确保工程顺利进行。协调措施如下。

① 沟通协调。建立有效的沟通渠道，确保各方信息传递畅通，以及时沟通，解决施工现场问题。

② 组织协调。合理组织施工现场的人力、物力、财力等资源，提高施工效率。

③ 关系协调。处理好施工现场与周边居民、企事业单位、政府部门等各方面的关系，创造良好的施工环境。

④ 矛盾协调。及时发现并化解施工现场的各种矛盾，确保工程顺利进行。

（3）实际操作中的注意事项。在施工现场管理与协调的实际操作中，应注意以下几点。

① 建立健全施工现场管理制度。制订完善的现场管理规章制度，确保施工现场各项工作有序进行。

② 落实责任分工。明确施工现场各岗位的职责，确保各项工作有人负责。

③ 强化施工现场巡查。加强对施工现场的巡查，及时发现并解决问题，确保工程质量、安全等方面的要求得到满足。

④ 注重人员培训。加强对施工现场管理人员和施工人员的培训，提高人员整体

素质和现场管理水平。

⑤落实应急预案。制订应急预案，确保突发事件发生时能够迅速响应，有效应对。

（四）工程验收与交付

工程验收指在土木工程项目完成后，由相关方面对工程进行检查、测试和评估，以确认工程是否符合设计要求、质量标准、安全规范等方面的要求。如果工程符合要求，则可以进行交付，即将工程移交给使用方或运营方。工程验收与交付是土木工程项目周期中必不可缺的环节，直接关系到工程项目的质量和效益。

1. 工程验收与交付的重要性

（1）保证工程质量：工程验收是对工程质量的最后确认，只有通过验收，才能证明工程质量符合要求。因此，工程验收是保证工程质量的重要手段。

（2）确保工程安全：土木工程项目涉及公共安全和社会利益，因此必须确保工程的安全性。工程验收可以对工程的安全性进行全面检查和评估，确保工程在使用过程中不会出现安全问题。

（3）维护各方利益：土木工程项目通常涉及多个利益相关方，如投资方、承包商、供应商等。工程验收与交付是对各方利益的保障，只有经过验收并交付的工程才能被视为合格工程，相关方才能获得相应的收益。

（4）推动项目进展：工程验收与交付是项目周期的重要节点，只有完成验收和交付，项目才算真正结束。因此，及时进行验收和交付有助于推动项目的进展。

2. 工程验收与交付的流程

（1）提出申请：在工程完成后，承包商需要向监理方或业主方提出验收申请，并提交相关的技术文件和资料。

（2）组织验收：监理方或业主方需要组织专业的验收团队，对工程进行全面检查和评估。验收团队通常由设计方、施工方、监理方、使用方的代表组成。

（3）进行现场检查：验收团队需要对工程现场进行全面检查，包括结构安全、设备安装、外观质量等。如果发现问题或不符合要求的地方，需要进行记录并提出整改要求。

（4）进行测试与评估：根据工程特点和设计要求，进行必要的测试和评估工作，如荷载试验、防水性能测试等。测试和评估结果需要符合设计要求和质量标准。

（5）形成验收报告：根据现场检查和测试评估的结果，形成详细的验收报告，对工程的各个方面进行评价和总结。

（6）进行整改与复验：承包商需要根据验收报告中提出的问题和整改要求进行整改，并在整改完成后向监理方或业主方提出复验申请。复验合格后才能进行交付工作。

（7）完成交付：当工程整改完成并通过验收后，承包商需要与监理方或业主方进行交接工作，包括技术文件、设备清单等方面的交接。交接完成标志着工程项目正式结束。

3. 注意事项

（1）严格遵守相关法规和标准：工程验收与交付需要严格遵守相关的法规和标准要求，确保验收工作的合法性和有效性。

（2）加强沟通与协调：在工程验收与交付过程中，需要加强各方之间的沟通与协调工作，以确保信息畅通，保证问题能得到及时解决。

（3）重视文档管理：在工程验收与交付过程中，需要重视文档管理工作，确保技术文件和资料的完整和准确。

第四章　岩土工程勘查设计与施工管理

第一节　岩土工程勘查与设计

一、岩土工程勘查等级与阶段划分

（一）岩土工程勘查等级划分

1. 岩土工程重要性等级

划分岩土工程重要性等级，需要综合考虑工程项目的风险程度、工程规模、场地条件以及工程目的等因素。重要性等级的划分对于工程的安全、经济性和合理性具有重要意义。下面对岩土工程重要性等级的相关内容进行分析。

（1）工程风险程度：根据工程项目的风险程度，可以将岩土工程划分为不同的重要性等级。项目风险主要包括地质灾害风险、工程结构风险和环境风险等。对于风险较高的工程项目，其岩土工程重要性等级应较高，以确保工程安全。

（2）工程规模：工程规模是衡量岩土工程重要性等级的重要指标。一般来说，工程规模越大，其重要性等级越高。例如，大型基础设施工程如高速公路、高铁等项目，其岩土工程重要性等级较高，需要进行详细的勘查和设计。

（3）场地条件：场地条件包括地形地貌、地质条件、地下水位等。场地条件复杂的项目，如位于地震活跃地区、岩溶发育地区或软土地基上的工程，其岩土工程重要性等级应较高。

（4）工程目的：工程目的也是影响岩土工程重要性等级的因素。对于重要设施如核电站、大型水库等，其岩土工程重要性等级应较高，以确保工程的安全稳定运行。

（5）岩土工程设计及施工技术水平：岩土工程设计及施工技术水平直接关系到工程的安全和质量。在设计及施工技术水平较高的地区，岩土工程重要性等级可以适当降低。

（6）法律法规及政策要求：岩土工程重要性等级的划分也受国家和地区的法律法规及政策要求影响。例如，在一些环保要求较高的地区，为将工程对环境的影响降到最低，应提高其岩土工程重要性等级。

2. 岩土工程场地等级

岩土工程场地等级是根据场地的地质条件、地形地貌、地下水位等因素，对工程场地进行分类。场地等级的划分对于工程项目的可行性研究、勘查设计、施工及验收具有重要意义。下面从几个方面对岩土工程场地等级划分的相关内容进行分析。

（1）地质条件：地质条件是影响岩土工程场地等级的关键因素。场地等级可根据地质条件的复杂程度划分为不同等级。如简单地质条件场地，可划分为一级；中等复杂地质条件场地，划分为二级；复杂地质条件场地，划分为三级。

（2）地形地貌：地形地貌对岩土工程场地等级也有重要影响。地形地貌简单、地势平坦的场地，其场地等级较低；地形地貌复杂、地势起伏较大的场地，其场地等级较高。

（3）地下水位：地下水位是影响岩土工程场地等级的另一个重要因素。地下水位越高，场地等级越高。地下水位较高的情况下，场地等级可分为一级、二级和三级；在地下水位较低的情况下，场地等级相应降低。

（4）土壤类型：土壤类型对岩土工程场地等级有一定影响。一般来说，岩石场地稳定性较好，等级较高；软土地基场地稳定性较差，等级较低。

（5）工程荷载：工程荷载也是影响岩土工程场地等级的因素。工程荷载越大，场地等级越高。例如，高速公路、高铁等项目荷载较大，其场地等级相应较高。

（6）环境保护要求：岩土工程场地等级受工程项目的环境保护要求影响。如位于水源保护区、自然保护区等环境敏感区域的工程项目，其场地等级应较高，以确保工程对环境的影响降到最低。

（7）施工技术水平：施工技术水平的高低也影响岩土工程场地等级的划分。在施工技术水平较高的地区，场地等级可以适当降低；而在技术水平较低的地区，为保证工程安全，场地等级应相应提高。

3. 岩土工程地基复杂程度等级

岩土工程地基复杂程度等级指在岩土工程勘查和设计中，综合地基的工程地质条件、水文地质条件、地形地貌等因素，对地基工程的难易程度进行的等级划分。该等级的划分对于工程的安全性和经济性具有重要意义。

（1）岩土工程地基复杂程度等级的划分依据。

① 工程地质条件：包括岩土类型、地层结构、物理力学性质、地质构造等因素。这些条件对于地基的稳定性和承载能力具有重要影响。

② 水文地质条件：包括地下水水位、水质、渗透性等因素。这些条件对于地基的渗流和软化具有重要影响。

③ 地形地貌：包括地形起伏、坡度、地貌类型等因素。这些条件对于地基的应力分布和施工难度具有重要影响。

④ 工程规模和重要性：工程规模和重要性也是划分地基复杂程度等级的重要依据。重要工程或大型工程的地基复杂程度等级通常较高。

（2）岩土工程地基复杂程度等级的划分标准。根据国家相关标准和规范，岩土工程地基复杂程度等级可分为以下四个等级。

① 简单地基：岩土类型单一，地层结构稳定，物理力学性质较好，地下水影响较小，地形地貌较平坦，工程规模和重要性较小。此类地基可采用常规方法进行勘查和设计。

② 中等复杂地基：岩土类型较多，地层结构较复杂，物理力学性质有一定变化，地下水影响较明显，地形地貌有一定起伏，工程规模和重要性适中。此类地基需要进行详细的勘查和设计，并须采用适当的地基处理方法。

③ 复杂地基：岩土类型多样，地层结构复杂且不稳定，物理力学性质差异较大，地下水影响显著，地形地貌起伏较大，工程规模较大或重要性较高。此类地基需要进行深入的勘查和设计，并须采用有效的地基处理方法和技术手段。

④ 极复杂地基：岩土类型极其复杂，地层结构极不稳定，物理力学性质极差且变化无常，地下水影响非常严重，地形地貌极端恶劣，工程规模巨大或重要性极高。此类地基需要进行全面的勘查和设计，并须采用先进的地基处理技术和方法进行综合治理。

（3）岩土工程地基复杂程度等级的意义。

① 指导勘查和设计：通过划分地基复杂程度等级，指导勘查和设计人员针对不同等级的地基采用不同的方法和技术手段进行勘查和设计，确保工程的安全性和经济性。

② 控制工程造价：不同等级的地基需要采用不同的处理方法和技术手段，因此工程造价也会有所不同。通过划分地基复杂程度等级可以将工程造价控制在合理范围内。

③ 提高工作效率：针对不同等级的地基采用不同的方法和技术手段进行勘查和设计，可以提高工作效率，缩短工程周期，降低工程成本。

④ 保证工程质量：通过划分地基复杂程度等级，保证勘查和设计的准确性和可靠性，从而提高工程质量，确保工程的安全性和稳定性。

（二）岩土工程勘查阶段划分

1. 可行性研究勘查

岩土工程可行性研究勘查是工程项目前期的重要工作，其目的是为项目的决策提供科学依据，确保工程建设的顺利进行。通过勘查，获取工程场地的地质条件、水文地质条件、地形地貌等信息，评价地基的稳定性和承载能力，为工程设计和施工提供必要的地质资料和参数。

（1）勘查目的与任务。岩土工程可行性研究勘查目的主要是为项目的可行性研究提供准确的地质资料和评价。具体任务包括：查明工程场地的地质条件，对场地的适宜性和稳定性进行评价；查明地下水的水位、水质和渗透性等水文地质条件；评价地基的稳定性和承载能力，提出地基处理建议；预测可能出现的岩土工程问题，提出防治措施；等等。

（2）勘查方法与技术。岩土工程可行性研究勘查采用的方法和技术应根据工程场地的具体条件和勘查目的来确定。常用的勘查方法包括：工程地质测绘、勘探（钻探、坑探等）、原位测试（静力触探、动力触探等）、室内试验等。勘探是最常用的方法之一，可以获取地层的岩性、厚度、物理力学性质等信息；原位测试可以获取地层的原位参数，为地基设计和施工提供重要依据；室内试验可以对采取的土样进行物理力学性质试验，为评价地基的稳定性和承载能力提供依据。

（3）勘查过程与成果。岩土工程可行性研究勘查的过程包括：准备工作（收集资料、编制勘查大纲等）、现场踏勘、详细勘查（钻探、坑探等）、原位测试、室内试验、资料整理与成果编制等。在每个阶段中，都需要严格按照相关规范和要求进行操作，确保勘查成果的质量和可靠性。最终的勘查成果应包括工程地质测绘图、勘探平面图、剖面图、原位测试成果表、室内试验报告等。这些成果将为工程设计和施工提供必要的地质资料和参数。

（4）勘查中的注意事项。在岩土工程可行性研究勘查中，需要注意以下几点：① 要遵守相关法规和标准，确保勘查工作的合法性和有效性；② 要加强沟通与协调，确保各方之间信息畅通，以便及时解决问题；③ 要重视文档管理，确保技术文件和资料的完整性和准确性；④ 要考虑环保与可持续发展的要求，尽可能减少对环境的影响。

2. 初步勘查

在岩土工程中，初步勘查是至关重要的一环，其目的是对工程场地的地质条件进行初步了解，为后续的工程设计和施工提供基础数据和依据。初步勘查的主要任务包括搜集区域地质、地形、地貌、水文等资料，进行地质勘探，根据地质条件评价工程地质类型，以及提出相应的工程措施建议等。

搜集区域地质资料是初步勘查的重要步骤。这部分信息对于理解工程场地的地质背景，预测潜在的地质风险具有重要意义。区域地质资料包括地层、岩性、构造、地质灾害历史等。对这些信息进行分析，可以初步判断工程场地的地质条件，为后续工作打下基础。

地形地貌和水文条件也是初步勘查的重要内容。地形地貌调查主要涉及地貌类型、地势起伏、坡度、坡向等，这些因素对工程设计和施工都有重要影响。水文条件调查包括河流、湖泊、地下水等，根据这些因素评估水文条件对工程的影响，如洪水影响、渗透作用等。

地质勘探是初步勘查的核心环节。通过地质勘探，可以获得更详细的地质信息，为工程设计提供直接依据。地质勘探方法多样，包括钻探、挖探、物探、化探等。钻探是直接获取地下岩石和土壤样品的方法；物探是通过探测地下物理场，间接了解地质条件；化探则通过分析地下水、土壤等样品，评价地质环境。

在搜集和分析了一系列地质信息后，初步勘查需要对工程地质类型进行评价。根据地质条件，工程地质类型可以分为稳定地质、不稳定地质、特殊地质等。评价工程地质类型，有助于确定合适的工程设计和施工方案。

最后，初步勘查还需要提出相应的工程措施建议，包括基础处理措施、地质灾害防治措施等。例如，对于软土地基，可能需要采用加固措施；对于地质灾害风险区域，需要提出防灾预案。

3. 详细勘查

详细勘查的主要任务包括：深入搜集和分析地质资料，确定地质参数，进行工程地质评价，制定地质灾害防治措施，以及编写详细勘查报告。

深入搜集和分析地质资料是详细勘查的基础工作，包括对已有地质资料进行补充搜集，以及对新获取的地质信息进行深入分析。例如，对地质勘探获取的地下岩石和土壤样品进行实验室分析，以获取更为精确的地质参数。

地质参数的确定是详细勘查的重要内容。这些参数包括地层厚度、岩石性质、土体性质、地下水位等，对于工程设计和施工具有直接指导意义。例如，确定地质参数，可以更为准确地预测工程实施过程中的潜在风险。

工程地质评价是详细勘查的核心环节，是根据地质条件和地质参数，对工程场地的工程地质特性进行评价，包括地质稳定性评价、地质灾害风险评价、基础适宜性评价等。工程地质评价旨在为工程设计和施工提供地质方面的决策依据。

地质灾害防治措施是详细勘查的重要成果之一，是针对工程场地存在的地质灾害风险制订的相应防治措施，包括地质灾害防治工程设计、施工技术要求、监测预警系统等。地质灾害防治措施的制定，有助于确保工程安全、降低地质灾害风险。

编写详细勘查报告是详细勘查的最后阶段。详细勘查报告应包括地质条件描述、地质参数表、工程地质评价、地质灾害防治措施等内容。详细勘查报告是工程设计和施工的重要参考资料，对于确保工程安全、降低地质风险具有重要作用。

二、岩土工程勘查报告

（一）岩土工程勘查报告基本要求

岩土工程勘查报告是在工程勘查阶段，对项目所在地的地质条件、地形地貌、水文气象、土壤特性等方面进行详细调查研究后，形成的综合性报告。它是工程设计和施工的重要依据，对于保证工程安全、降低工程成本、提高工程质量具有重要作用。在以下将详细讨论岩土工程勘查报告的基本要求。

1. 具有科学性、实用性和可靠性

勘查数据和分析结论应准确可靠，以确保工程设计和施工的安全、顺利进行。同时，勘查报告应简明扼要，方便设计、施工和管理人员理解和运用。

2. 内容应全面、系统

报告内容应包括以下几个方面：工程概况、勘查目的和方法、勘查成果、地质条件分析、土壤特性分析、地下水分析、工程稳定性评价、基础处理建议、施工注意事项等。

3. 采用规范的格式和图表

报告应包含工程地质测绘图、钻孔柱状图、土层物理力学性质试验成果表、地下水位观测数据表等，图表应清晰、规范，便于阅读和理解。

4. 充分反映工程地质条件的变化规律

勘查过程中应对地质条件进行系统观测和分析，揭示地质体的空间分布、地层结构和地质构造特征。同时，应分析地质条件对工程的影响，为工程设计和施工提供依据。

5. 提出合理的基础处理建议

根据勘查成果，报告应针对工程特点和地质条件，提出基础选型、基础处理方法和施工技术要求等方面的建议。此外，还应针对可能出现的地质灾害风险，提出相应的防治措施。

6. 应注重环境保护

在勘查过程中，应充分考虑工程对环境的影响，提出环境保护措施。同时，报告应对工程可能造成的地质灾害和环境污染进行预测，为环境保护工作提供依据。

7. 符合国家和行业的相关法规、规范和标准

应遵循《岩土工程勘查规范》《建筑工程地质勘查标准》等规范的要求，编制勘查报告，确保其质量和可靠性。

（二）可行性研究勘探报告

可行性研究勘探报告是在工程项目前期阶段，对项目所在地的地质、地形、水文、气象、土壤等方面进行详细调查研究后，形成的综合性报告。它是项目决策、工程设计和施工的重要依据，对于确保工程项目顺利实施、降低投资风险具有重要作用。以下详细讨论可行性研究勘探报告的基本内容和要求。

1. 项目背景和目标

报告应简要介绍项目背景、投资主体、建设目的和意义。此外，还应明确项目的主要技术经济指标、建设规模、工程范围和实施进度等内容。

2. 勘查方法和程序

报告应详细阐述勘查方法和程序，包括地质测绘、钻探、物探、测试等。同时，应说明勘查过程中所采用的技术设备和仪器，以及勘查工作量的分布。

3. 勘查成果分析

报告应对勘查成果进行全面、详细的分析，包括地质条件、地形地貌、水文气象、土壤特性等。分析内容应突出重点，针对工程特点和难点进行详细分析，为工程设计和施工提供依据。

4. 工程稳定性评价

报告应根据勘查成果，对工程项目的稳定性进行评价。评价内容包括地基承载力、地基变形、地质灾害风险等。同时，应提出相应的防治措施和建议。

5. 基础处理方案

报告应根据工程稳定性评价结果，提出合理的基础处理方案。基础处理方案应包

括基础选型、基础设计、基础施工等技术要求。此外，还应针对特殊地质条件下的基础处理问题，提出针对性的建议。

6. 施工技术要求

报告应针对勘查成果和工程稳定性评价，提出施工技术要求。内容包括施工工艺、施工方法、质量控制、安全防护等方面。

7. 投资估算和经济分析

报告应根据勘查成果和工程稳定性评价对项目投资进行估算。同时，应进行经济分析，包括投资回报、经济效益、投资风险等方面。

8. 环境影响及防治措施

报告应分析工程项目对环境的影响，提出相应的环境保护措施。内容包括生态环境保护、水资源保护、噪声控制、固体废物处理等方面。

（三）初步勘查阶段报告

初步勘查阶段报告是岩土工程勘查的第一阶段，其主要目的是了解场地的基本地质、水文、地形地貌等条件，为后续的工程设计和施工提供依据。在这个阶段，勘查团队需要进行一系列的勘查工作，包括地质填图、地形测量、工程物探、工程钻探等。

1. 地质填图及地形测量

地质填图及地形测量是初步勘查阶段的重要工作。地质填图主要包括对场地地形地貌、居民点分布、水文、岩性、构造（褶皱、断裂、裂隙）和生态环境的调查和描绘。地形测量是对场地进行精确的测绘，为后续的设计和施工提供地形数据。

2. 工程物探

工程物探主要用于初勘阶段，目的是查明场区及近场区地质、水文及工程地质条件。常用的方法有电测深、地质雷达、地震、测井等。这些方法可以有效地探测地下情况，为后续的工程设计和施工提供重要依据。

3. 工程钻探

工程钻探是初步勘查阶段的另一重要工作，目的是了解区内地质、水文和工程地质条件。工作内容包括钻探及原位测试，采集各种测试、试验样品（土样、岩样、水样）等。这些样品和数据将为后续的岩土工程分析提供关键信息。

在完成上述勘查工作后，勘查团队需要根据所得数据和信息编制初步勘查报告。报告内容应包括文字说明书、附图、附表、测试成果表等。文字说明书应详细阐述勘查目的、勘查方法、勘查成果和结论等。附图则包括地质简图、地形图、工程物探图、钻探布置图等。附表则包括钻孔记录表、试验成果表等。

（四）详细勘查阶段报告

1. 地质详勘

地质详勘是详细勘查阶段的重要工作，主要包括对场地地质构造、地层、岩性、土性等进行详细的调查和研究。地质详勘，可以为工程设计和施工提供关键的地质数据和信息。

2. 水文调查

水文调查是详细勘查阶段的另一个重要内容。主要包括对场地地表水、地下水的水位、水质、水流方向等进行详细的调查和研究。这些信息对于工程设计和施工中的防水、排水等方案的制订至关重要。

3. 工程地质试验

工程地质试验是为了获取工程地质条件的关键数据和信息。试验内容包括土力学试验、土动力学试验、岩土工程特性试验等。试验结果将为工程设计和施工提供重要的参考。

4. 详细勘查报告编制

报告内容应包括文字说明书、附图、附表、测试成果表等。文字说明书应详细阐述勘查目的、勘查方法、勘查成果和结论等。附图则包括地质详勘图、水文图、工程地质试验图等。附表则包括试验成果表、钻孔记录表等。

三、工程地质测绘

（一）前期准备

1. 资料收集

在进行工程地质测绘前，为了确保测绘工作的准确性和有效性，必须首先进行深入的资料收集与整理。这是一个至关重要的前置任务，其重要性不容忽视。

利用项目可行性研究报告、选址报告等，可以初步了解工程背景、目的及预期成果，有助于明确测绘的重点和方向。而地质勘查报告则揭示了工程所在地的初步地质条件，为后续的详细测绘提供了基础数据。

地形貌图、土地利用现状图等，是对工程所在地的地理环境和自然条件进行深入了解的重要工具。它们不仅描绘了地表的形态、高度、坡度，还反映了土地的使用状况，如道路、建筑、水体等分布情况等。这些信息在测绘中都是不可或缺的，有助于更准确地判断地层的分布、岩性的变化以及可能存在的地质隐患。

地下水图揭示了地下水位的分布和变化情况，这对于评价地基的稳定性、预测地下水的影响等方面都具有非常重要的意义。特别是在一些地下水位较高的地区，如果忽视了地下水的影响，很可能会导致工程出现严重的问题。

2. 制订工程地质测绘方案

在制订工程地质测绘方案时，必须根据每个项目的独特性和所处的地质环境进行细致的考虑。这一过程中，对细节的把握和对专业知识的运用都至关重要，是精准高效完成测绘工作的保障。

首先，要明确地质工程测绘的核心目的。要了解究竟是为了探测地层结构、评估地质灾害风险，还是为了其他特定目标。目的明确后，测绘的范围和内容也就随之确定了。

选择测绘方法是一项技术性工作。是采用遥感技术、GPS 定位，还是传统的地面测绘，需要根据项目需求和地质条件来权衡。技术要求方面，要确保设备精度、数据采集和处理方法等都达到行业标准。

工作流程的设计要尽可能详尽。从前期准备、实地作业到后期数据处理和分析，每个环节都要有明确的操作指导和时间节点。

质量控制是确保测绘成果可靠性的关键。除了设备校准、人员培训这些常规操作外，还要定期进行成果复核和误差分析。

需要注意的是，安全始终是第一位的。在复杂的地质环境中作业，可能面临诸多不确定因素。因此，测绘方案中必须包括详细的安全预案，如应急撤离路线、必要的防护措施等。

3. 人力资源配置

在进行工程地质测绘时，人力资源的合理配置显得尤为关键。测绘任务往往复杂性强、工作量及时间压力大，因此，一个结构明晰、合作默契的团队是必不可少的。

团队的核心是项目经理，负责整体的规划与协调。他们不仅要确保项目进度与预算控制得当，还要处理与其他部门或外部合作方的沟通事宜，其决策能力和协调技巧至关重要。

技术负责人主导技术方向与方法选择。他们需要对各种测绘技术有深入的了解，能够根据实际情况作出判断，选择最适合的技术路径。

测绘工程师和技术人员构成团队的主体。他们负责具体的数据采集、处理和分析，是确保测绘成果质量的关键。他们的专业能力和细心程度，直接决定了测绘数据的准确性。

现场施工人员负责设备安置、维护以及现场的安全管理。在复杂或恶劣的环境中，他们的存在确保了测绘工作的顺利进行。

为了使团队协作达到最佳状态，明确的职责划分是必不可少的。每个人都要清楚自己的角色和任务，同时也要了解其他成员的工作内容。这样才能形成高效的互补与合作。此外，定期的团队培训和交流也能提高团队协作能力。

4. 仪器设备准备

在工程地质测绘工作中，选择合适的测绘仪器设备是至关重要的环节。针对不同的测绘内容、环境和精度要求，需要采用不同的仪器设备。这一选择的过程既体现了技术的运用，也关乎测绘成果的质量和可靠性。

全站仪，因其高精度和多功能性，被广泛应用于各种测绘场景。它能够同时测量角度和距离，并计算出三维坐标，因此是高精度测量的不二之选。但是，在开阔地区或者需要快速测量的场合，GPS 接收机则具有无可比拟的优势。它通过卫星信号进行定位，能够实现实时、高效的测量。

经纬仪和水准仪在传统的工程地质测绘中占据重要地位。经纬仪主要用于测量角度，特别是在建筑和道路等对方向、角度要求较高的工程必不可少的。水准仪用于测量高差，确保工程在垂直方向上的准确性。

当然，选择合适的仪器设备仅仅是第一步。保证这些设备准确且完好无损同样关键。每次使用前，都必须对仪器进行细致的检查，确保其处于最佳工作状态，任何小的偏差或故障都可能影响到测绘结果的准确性。

此外，定期的仪器检定也是必不可少的。这一过程通常由专业的检定机构完成，他们会使用标准方法来检查仪器的准确性和可靠性。只有检定合格的仪器才能用于实际的测绘工作，这不仅是对工程质量负责，也是对客户和自身负责。

在实际操作中，技术人员还需要正确使用和维护仪器。这包括但不限于仪器的正确安置、操作手法的规范，以及使用后的及时清洁和保养。只有这样，才能确保仪器的准确和灵敏，才能保证每次测绘得到的数据都是准确、可靠的。

5. 现场踏勘

在进行工程地质测绘之前，项目负责人或技术负责人的现场踏勘工作必不可少。这一环节旨在深入了解工程现场的实际条件，确保测绘工作的顺利进行，并为后续的设计和施工提供准确、可靠的基础数据。

现场踏勘的首要任务是了解现场的地形地貌。通过实地观察，项目负责人可以直观地掌握地表的起伏、坡度变化、冲沟、断层等地理特征。这些地形地貌信息将直接影响到测绘工作的布局和测量方法的选择。

地质条件也是现场踏勘中需要重点关注的内容。项目负责人需要仔细观察和记录地层的分布、岩性的变化、节理裂隙的发育情况等信息。这些地质条件将对工程的稳定性和安全性产生重要影响，因此必须在测绘工作中予以充分考虑。

交通状况是现场踏勘中另一个需要关注的方面。项目负责人需要了解现场的道路状况、车流量以及施工机械进出现场的便利性。这些信息将有助于制订合理的测绘工作计划，确保测绘工作的高效进行。

周边环境也是现场踏勘不可忽视的一部分。项目负责人需要观察现场周边的建筑物、管线、水体等分布情况，评估它们对测绘工作可能产生的影响。这将有助于在测绘工作中采取相应的措施，避免或减少外部干扰，保证测绘成果的质量。

现场踏勘所得的信息将为测绘工作提供实际操作依据。项目负责人或技术负责人可以根据踏勘结果，制订更为合理、针对性的测绘方案，选择适当的测绘仪器和方法，确保测绘工作的准确性和高效性。

此外，现场踏勘还有助于项目负责人与技术团队之间的沟通和协作。通过实地观察和讨论，团队成员可以更加深入地了解工程现场的实际情况，明确各自的任务和责任，形成更加默契的团队协作氛围。

6. 资料整理与分析

在工程地质测绘工作展开之际，对先前收集的资料进行细致整理与深入分析显得尤为关键。这样的前期处理不仅有助于更好地理解工程现场的地质、地理和环境条件，还能为后续的测绘方法选择及实施提供准确的依据。

地质条件的分析是这一过程中的核心环节。需要深入研究地层结构、岩性分布、地质构造等的特点，以确定可能存在的地质灾害风险，如滑坡、泥石流等。这样的分析有助于更准确地判断测绘的重点区域，从而选择更合适的测绘方法。

地形地貌的研究也不容忽视。通过对地表形态、高度、坡度等信息的细致分析，可以更好地了解工程现场的地貌特征，这对于确定测绘的控制点和布设测量线路至关重要。例如，在陡峭的山地或复杂的峡谷地带，可能需要采用特殊的测绘方法来确保数据的准确性。

地下水位是一个在工程地质测绘中需要特别关注的因素。地下水位的分布、变化规律以及其与地表水的关系，都可能对工程建设造成严重影响。因此，在资料分析中，必须充分考虑地下水位的变化，并据此选择合适的测绘时段和方法。

除了上述的地质、地形和地下水条件分析、研究，对收集到的资料的准确性和完整性进行审核也是必不可少的步骤。这一步骤旨在确保所有用于测绘工作的基础数据都是可靠和有效的。为此，可以采用多种方法进行交叉验证，如对比不同来源的数据、利用专业软件进行数据分析等。

审核过程中，如果发现某些数据缺失或存在疑问，必须及时重新采集或补充调查。只有在确保所有数据的准确性和完整性后，才能进行下一步的测绘工作。

（二）测绘方法

1. 地形测绘

地形测绘在工程地质测绘领域中占据基础且重要的地位，其主要关注地形、地貌、地物、高程等各个方面的细致测量。这一工作的准确性和精密度对于后续的地质测绘及工程建设影响深远。它不仅为后续工作提供了必要的基础数据，而且有助于理解和分析工程现场的地形特征，从而确保工程的安全性和稳定性。

地形测绘的首要任务是准确描绘地形、地貌。这包括对地表的形态、坡度、冲沟、山脊等特征进行详细观察和测量。通过使用先进的测绘仪器和技术，如全站仪、无人机航测等，工程师们能够获取大量的高精度数据，进而制作出精细的地形图。

地物测绘是另一关键部分，主要涉及对工程现场的各种地物，如建筑、道路、桥梁、水体等进行测量和定位。地物的准确测绘不仅有助于了解工程现场的人工设施分布，还能为地质灾害风险评估提供重要信息。

高程测量在地形测绘中也具有举足轻重的地位。通过精确测量各点的海拔，工程师们能够计算出坡度、高程差等关键参数，为工程设计和施工提供有力的数据支持。此外，高程数据还能用于分析洪水、滑坡等自然灾害的风险。

完成地形测绘后，所获得的大量数据需要经过专业的处理和分析，以转化成有用的信息。这一过程可能涉及数据清洗、格式转换、统计分析等多个环节。随着技术的进步，如今已有许多先进的软件工具能够帮助工程师们高效地完成这些任务。

地形测绘的成果不仅为后续的地质测绘工作提供了基础数据，更为工程项目的规划、设计、施工等多个阶段提供了决策依据。在复杂或多变的工程环境中，高质量的地形测绘成果能够显著减少不确定性和风险，从而保障工程的安全性和经济效益。

2. 地质测绘

地质测绘在工程领域中具有至关重要的作用，它主要涉及对地质构造、岩性以及地质灾害等多个方面的深入研究与测量。通过这一系列细致的工作，地质测绘为工程设计和施工提供了宝贵的地质依据，对于确保工程的安全性和稳定性起到了不可或缺的作用。

首先，地质构造的测量是地质测绘的核心内容之一。构造特征如断层、褶皱、节理等对于工程建设的影响是深远的。利用先进的地质雷达、地震勘探等技术手段，能够深入探测地下的构造情况，为工程选址和设计提供决策依据。

其次，岩性的研究也是地质测绘的重要部分。不同的岩石类型具有不同的物理力学性质，这对于工程的稳定性和耐久性有着直接的影响。通过实地取样和室内试验，可以准确判断岩石的强度、渗透性等关键指标，从而为工程材料选择和基础设计提供有力支持。

再次，地质灾害的测量和评估是地质测绘的另一重要任务。在工程建设过程中，地震、滑坡、泥石流等地质灾害都可能对工程的安全造成威胁。通过详细的地质灾害调查和评估，能够识别潜在的风险区域，提出相应的防灾减灾措施，确保工程的安全运行。

最后，高质量的地质测绘成果是工程师们进行工程设计和施工的得力助手。它不仅能提供丰富的地质信息，还能在设计基础结构、选择施工方法等方面提供有力的决策依据。例如，在桥梁工程中，准确的地质数据能够帮助工程师确定桥墩的位置和深度；在隧道工程中，详细的地质资料有助于工程师预测可能遇到的不良地质条件，从而提前采取应对措施。

值得一提的是，随着科技的进步，地质测绘的技术手段也在不断更新和发展。从传统的钻探、物探方法，到现代的遥感技术、地理信息系统等高科技应用，地质测绘的精度和效率都在不断提高。这为我们更加深入、全面地研究工程地质条件提供了有力的工具。

3. 地下水位测绘

地下水位测绘是一项关键性的地质测绘工作，其主要目的是深入了解地下水位的分布规律、水位变化以及与其他地质因素的相互关系。通过一系列的细致研究，地下水位测绘为工程的排水设计、水资源管理等提供了重要的依据，对于确保工程的安全性和可持续性具有不可替代的作用。

在进行地下水位测绘时，首先需要关注的是地下水位的分布情况，包括地下水的流向、流速以及水位的空间分布等。使用先进的地质雷达、水文地质观测井等技术手段，能够获取大量的实时数据，进而分析出地下水的运动规律和储存条件。

地下水位的变化情况也是研究的重点。地下水位的变化受到多种因素的影响，如降雨、蒸发、地形等。长时间序列的地下水位观测数据能够揭示地下水的动态变化规律，预测未来可能出现的水位变化情况，并为工程设计和水资源管理提供科学依据。

除了分布和变化规律，地下水位与其他地质因素的关系也是不可忽视的研究内容。例如，地下水位与地层结构、岩性、地质构造等因素密切相关。深入分析它们之间的关系，有助于更好地理解地下水的赋存和运动机制，为工程建设提供更全面的地质信息。

在地下水位测绘的基础上，可以进一步进行工程排水设计和水资源管理的规划和优化。例如，在排水系统设计中，根据地下水位的分布和变化规律，可以合理确定排水沟、排水管等设施的位置和尺寸，以确保排水系统的有效性。在水资源管理方面，通过对地下水位的监测和分析，可以制订合理的水资源开发利用方案，避免过度开采和浪费。

此外，地下水位测绘的成果还可以用于地质灾害的防治和环境保护。例如，通过分析地下水位的变化趋势，可以预测可能发生的地面沉降、地面塌陷等地质灾害，从而采取相应的预防和治理措施。同时，对于地下水的合理利用和保护，也有助于维护生态环境的稳定和可持续发展。

4. 土壤测绘

土壤测绘是工程地质测绘中的一项重要任务，主要涉及对土壤类型、土壤厚度以及土壤质地等多个方面的深入研究和测量，为工程师们提供了宝贵的决策依据。这一工作的细致性和准确性对于工程的基础设计和地基处理具有至关重要的意义。

对土壤类型的研究是土壤测绘的核心内容之一。土壤类型的不同会直接导致其物理力学性质的差异，这对于工程基础的稳定性和承载能力有着直接的影响。通过实地调查和取样分析，可以准确判断土壤的分类，如黏土、砂土、砾石土等，从而为后续的设计和施工提供基础资料。

土壤厚度的测量也是土壤测绘的关键环节。土壤厚度的变化可能影响到地基的承载力和变形特性。利用地质雷达、探地雷达等非破坏性检测技术，能够快速而准确地获取土壤厚度的空间分布情况，为工程的基础设计提供有力支持。

除了土壤类型和厚度，土壤质地也是土壤测绘中需要关注的重要因素。土壤质地涉及土壤的颗粒组成、结构特点等，通过对土壤质地的细致分析，可以了解土壤的渗透性、压缩性等关键指标，为地基处理方案的选择提供依据。

在获得土壤类型、厚度和质地等详细数据后，工程师可以据此进行工程的基础设计和地基处理。例如，在桥梁工程中，对于桥墩基础的设计，需要充分考虑土壤的类型和承载能力；在建筑工程中，对于地下室或深基坑的施工，需要了解土壤的厚度和质地，以确定支护结构和降水方案。

值得一提的是，随着科技的不断进步，土壤测绘的技术手段也在不断创新和发展。例如，利用无人机搭载多光谱相机进行土壤类型的快速识别；采用数字化地理信息系统对土壤厚度和质地进行三维可视化分析等。这些新技术的应用不仅提高了土壤测绘的精度和效率，也为工程师们提供了更为丰富和直观的数据支持。

5. 地球物理勘探

地球物理勘探是一种高效、非破坏性的地质研究方法，主要通过测量地下物质的多种物理特性来推断地下的地质结构。这种方法广泛应用于工程地质、矿产资源、环境科学等多个领域，为地质测绘提供了宝贵的补充信息。

在众多的地球物理勘探方法中，电法、磁法、地震法和电磁法是最为常见和重要的。电法主要利用地下物质的电阻率、极化率等电学性质差异，通过测量电场分布来推断地质构造和岩性变化。磁法则是通过测量地壳磁场强度和变化，研究地下磁性物质的分布和性质，进而揭示地质构造和矿产资源。地震法利用人工震源或天然地震产生的地震波在地下传播的特性，来探测和研究地下结构。通过测量地震波的传播速度、衰减等参数，可以推断地下的地层厚度、岩石类型等信息。电磁法基于麦克斯韦电磁场理论，通过测量地下电磁场分布来探测和研究地下的电性结构和地质构造。

地球物理勘探的优势在于非破坏性和高效性。与传统的钻探、挖掘等破坏性方法相比，地球物理勘探无须对地表进行大规模改动，即可获得丰富的地下信息。此外，随着科技的进步，地球物理勘探仪器越来越先进，数据采集和处理速度也大幅提升，使得该方法在时间和空间上都具有很高的分辨水平。

地球物理勘探成果为地质测绘提供了重要的补充信息，有助于更全面、准确地了解工程或研究区域的地质条件和潜在风险。这些成果不仅可以指导工程设计和施工，还可以为矿产资源勘探、环境保护等领域提供科学依据。

6. 测绘成果整理与分析

测绘成果整理与分析是一项至关重要的工作，涉及将原始的测绘数据进行处理、验算、统计和分析，以确保数据的准确性和可靠性。需要严谨的态度和科学的方法，以保证最终成果的质量和价值。

整理与分析的主要任务是将庞杂的测绘数据转化为易于理解和使用的形式，包括制作测绘图件、编写测绘报告以及整理数据表格等。每一种形式都有其特定的作用和应用场景，共同构成了测绘成果体系。

测绘图件是整理与分析成果的重要组成部分，利用符号、线条和色彩等视觉元素，准确表示出地形地貌、地质构造和地下设施等关键信息。这些图件为工程师提供了直观、全面的参考，有助于在设计和施工过程中作出明智的决策。

测绘报告是对测绘数据进行深度分析和解读的产物，它详细描述了测绘的过程、方法、结果和结论。报告中的数据和结论都经过严格的验证和分析，具有很高的可信度和权威性，是工程设计和施工的重要依据。

数据表格是对测绘成果进行统计和分析的重要工具，以表格的形式展示大量的数据和信息，方便用户进行查阅和对比。数据表格能够提供丰富的信息，帮助工程师全面了解工程现场的地质条件和潜在风险。

》》第二节 岩土工程施工与管理

一、岩土工程施工与管理的基本原则

（一）遵循国家法律法规和行业规范

在岩土工程施工与管理过程中，遵循国家法律法规和行业规范至关重要。这一原则不仅确保工程顺利进行，还保障了人民生命财产安全、生态环境的可持续发展。下面从以下几个方面阐述遵循国家法律法规和行业规范的重要性。

1. **法律法规保障**

国家法律法规是规范社会行为的基本准则，违反法律法规将受到法律的制裁。在岩土工程施工过程中，要严格遵守《中华人民共和国建筑法》《中华人民共和国安全生产法》《中华人民共和国环境保护法》等法律法规，确保工程合法合规；此外，还须遵循行业规范，如《岩土工程勘察规范》《岩土工程施工及验收规范》等，以确保工程质量、安全、环保等方面达到规定要求。

2. **人民生命财产安全**

遵循国家法律法规和行业规范，对保障人民生命财产安全具有重要意义。岩土工程涉及地下施工、高空作业等高风险环节，稍有不慎就可能导致事故发生。严格按照法律法规和行业规范进行施工与管理，有利于提前发现并消除安全隐患，降低事故风险。同时，合规施工还能确保工程质量，延长工程使用寿命，从而保障人民生命财产安全。

3. **生态环境保护**

在岩土工程施工过程中，遵循国家法律法规和行业规范对生态环境进行保护具有重要意义。合规施工可以有效防止施工过程中对周边环境造成破坏，如土壤污染、水源污染、噪声污染等。此外，合规施工还有利于提高资源利用率，降低能源消耗，实现绿色可持续发展。

4. **施工单位利益保障**

遵循国家法律法规和行业规范，有利于施工单位的长期发展。合规施工可以降低工程风险，减少安全事故发生，从而保障施工单位的人员和经济安全。同时，合规施工有助于提高工程质量，为施工单位赢得良好口碑，提高市场竞争力。

5. **社会责任感**

遵循国家法律法规和行业规范，体现了施工单位的社会责任感。施工单位作为社会的一部分，合规施工有利于保障民生、促进经济发展、保护生态环境，为构建和谐社会贡献力量。

（二）确保工程质量、安全、环保和节能

在岩土工程施工与管理过程中，确保工程质量、安全、环保和节能是至关重要的。这一原则关系到国家经济发展、人民生活质量和社会和谐稳定。以下从各个方面分析确保工程质量、安全、环保和节能的重要性。

1. 工程质量

工程质量是岩土工程施工的基础要求。确保工程质量有利于提高投资效益，降低维修成本，延长工程使用寿命。应遵循国家法律法规和行业规范，实施严格的质量管理体系，从设计、施工、验收等环节加强质量管理，确保工程质量达到规定标准。

2. 工程安全

工程安全是岩土工程施工的重要方面。应严格遵守国家法律法规和行业规范，加强施工现场安全管理，预防安全事故，保障人民生命财产安全。同时，要加强安全培训和教育，提高施工人员的安全意识，降低事故发生风险。

3. 环境保护

环境保护是实现可持续发展的重要手段。在岩土工程施工过程中，应遵循国家法律法规和行业规范，加强环境保护，降低对周边环境的影响。如加强噪声、粉尘、废水等污染物的控制，保护生态环境，实现绿色施工。

4. 节能减排

节能减排是降低能源消耗、减少环境污染的有效途径。在岩土工程施工过程中，应采用节能技术和设备，提高能源利用率，降低能源消耗。同时，应加强节能管理，制订合理的施工计划，减少不必要的能源浪费。

5. 经济效益

确保工程质量、安全、环保和节能，有利于提高经济效益。优质工程可以降低维修成本，提高投资回报率；安全生产能降低事故赔偿损失，保障企业稳定发展；环保施工有利于降低环境治理成本，提升企业形象；节能施工有助于降低能源消耗，减少能源成本。

6. 社会和谐稳定

确保工程质量、安全、环保和节能，有助于维护社会和谐稳定。优质工程、安全生产、环保施工和节能减排都是构建和谐社会的重要内容。应遵循国家法律法规和行业规范，实现经济效益与社会效益的统一，为构建美好家园贡献力量。

（三）科学合理地组织施工过程

在岩土工程施工与管理中，科学合理地组织施工过程是确保工程质量、安全、进度和成本控制的关键。科学合理地组织施工过程，主要包括以下几个方面：施工方案的制订、施工顺序的安排、施工资源的配置、施工进度的控制以及施工质量的保证。

1. 施工方案制订

施工方案是施工过程的基础，应根据工程特点、地质条件、工程量、施工设备及人员素质等因素制订。施工方案应具有可行性、安全性、经济性和合理性。在制订施工方案时，应充分考虑施工现场的实际情况，确保施工过程顺利进行。

2. 施工顺序安排

合理的施工顺序能够确保施工过程的连续性和均衡性，降低各施工环节的相互干扰和矛盾。在安排施工顺序时，应遵循"先地下、后地上；先主体、后附属；先深基础、后浅基础"的原则，确保各个施工环节有序进行。

3. 施工资源配置

合理配置施工资源是提高施工效率和保证工程质量的关键。施工资源的配置主要包括人力、材料、设备、资金等方面的调配和安排。在配置施工资源时，应根据施工进度、工程量、施工难度等因素进行动态调整，确保施工的顺利进行。

4. 施工进度控制

施工进度控制是保证工程按时完成的关键环节。在施工过程中，应建立完善的进度控制体系，制订合理的施工计划，对施工进度进行动态监控，确保工程按时完工。

5. 施工质量保证

施工质量是工程项目的生命线。为确保施工质量，应建立严格的质量管理体系，加强施工现场的质量监督与检查，对施工过程中的质量问题及时进行整改，确保工程质量达到设计要求。

（四）充分发挥项目管理作用

项目管理在岩土工程施工与管理中具有举足轻重的作用。下面从项目管理体系的建立、项目经理职责的履行、项目团队建设、项目风险管理以及项目沟通协调等几个方面探讨如何充分发挥项目管理的作用。

1. 项目管理体系建立

建立完善的项目管理体系是确保工程项目顺利实施的基础。项目管理体系包括项目组织结构、项目管理制度、项目流程控制、项目沟通协调等方面的内容。项目管理体系应具有可操作性、灵活性和持续改进性，以适应项目管理的实际需求。

2. 项目经理职责履行

项目经理是项目管理的负责人，对项目的顺利进行负有重要责任。项目经理应具备丰富的项目管理经验、良好的沟通协调能力以及高度的责任心。在项目实施过程中，项目经理应充分发挥组织、领导、协调、控制等职能，确保项目目标的实现。

3. 项目团队建设

项目团队是项目实施的主体。建立高效的项目团队有助于提高项目管理的质量和效果。项目团队建设主要包括明确团队成员职责、建立激励机制、加强团队协作，以及培训和提高团队成员的技能水平等方面。

4. 项目风险管理

项目风险管理是项目管理的重要组成部分。在项目实施过程中，项目经理应密切关注项目风险，制订风险应对措施，降低项目风险对工程质量、安全、进度和成本的影响。

5. 项目沟通协调

沟通协调是项目管理中的关键环节。项目经理应与项目相关各方，如业主、设计单位、监理单位、施工队伍、供应商等，保持良好的沟通与协调，确保项目实施过程中各个环节的顺利对接及各个方面的顺畅沟通。

二、岩土工程施工前的准备工作

（一）工程勘查与设计

在岩土工程施工前，工程勘查与设计是至关重要的准备工作。这一阶段的主要目标是获取施工现场的地质、地形、水文等详细信息，以便为施工提供科学、合理的设计方案。以下是工程勘查与设计的主要内容。

1. 勘查阶段

勘查工作主要包括地面勘查和地下勘查。地面勘查主要通过测绘、调查等方式获取施工现场的地形、地貌、水文、气象等信息。地下勘查则通过钻探、物探等方法获取地下岩土层的分布、性质、构造等资料。此外，还须对周边环境进行调查，了解地下管线、建筑物、道路等设施的分布情况，以评估施工对周边环境的影响。

2. 资料整理与分析

将勘查过程中获取的数据进行整理、分析，得出施工现场的地质、地形、水文等方面的特征，主要包括地质构造、地层分布、岩土性质、地下水位、排水条件等。这些资料将为设计阶段提供重要依据。

3. 设计阶段

根据勘查资料，进行岩土工程的设计。设计内容包括基础形式、基础尺寸、地基处理方案、地下水位控制措施、排水系统、土方工程等。设计须遵循安全、经济、合理的原则，确保施工过程中的安全性，同时降低成本、提高工程质量。

4. 设计审查

完成设计后，须对设计文件进行审查。审查内容包括设计依据、设计参数、设计方案、施工技术要求等。审查通过后，方可进行施工。

5. 设计变更

在施工过程中，如遇到地质条件变化、施工条件变更等情况，须及时对设计进行调整。设计变更应遵循相应程序，确保工程安全、顺利进行。

（二）施工方案与施工组织设计

1. 施工方案

根据设计文件，结合施工现场的实际情况，制订施工方案。施工方案主要包括施工方法、施工顺序、施工工艺、施工技术要求等。施工方案应具有可行性、安全性、经济性，可为施工现场提供明确的施工指导。

2. 施工组织设计

施工组织设计是指对施工过程中的人力、物力、财力、时间等资源进行合理配置，确保施工过程的顺利进行。主要包括施工进度计划、施工平面布置、施工人员组织、施工材料供应、施工设备配置等。

3. 施工进度计划

根据工程量、工程特点、施工条件等，制订合理的施工进度计划。施工进度计划应确保工程按时完工，同时避免施工过程中的窝工、浪费等问题。

4. 施工平面布置

根据施工现场的地质、地形、水文等条件，进行施工平面布置。施工平面布置应满足施工需求，确保施工现场的有序、安全、环保。

5. 施工人员组织

根据施工任务和要求，合理配置施工人员。施工人员组织应确保施工过程中的技术水平、安全意识、协作精神等。

6. 施工材料与设备配置

根据施工方案和施工进度计划，确保施工材料的供应和设备的正常运行。施工材料与设备配置应满足施工质量、进度和安全的要求。

7. 施工质量控制与安全管理

制定施工质量控制措施，确保工程质量符合设计要求。同时，应加强安全管理，防止安全事故。

（三）施工场地的勘查与调查

施工场地的勘查与调查是岩土工程施工前的重要准备工作。勘查与调查的主要目的是了解施工现场的地质、地形、水文、气象等条件，为施工提供准确的数据和信息。这些数据和信息对于编制施工组织设计、制订施工计划以及确保施工顺利进行具有重要意义。

首先，地质勘查是施工前必不可少的环节。通过地质勘查，可以了解施工现场的地质构造、地层情况、地下水位等，为施工提供地质依据。地质勘查主要以钻探、挖探、物探等方式收集和分析地质资料，评估地质条件对施工的影响，为施工方案的制订提供依据。

其次，地形调查是为了了解施工现场的地形地貌特征，如高程、坡度、排水情况等。地形调查对于场地平整、土方工程、排水设施等施工内容具有指导意义。通过地形调查，可以合理规划施工场地，优化土方工程和排水设施的设计，降低施工难度和成本。

再次，水文调查也是施工前的重要工作。水文调查主要包括了解施工现场的降水情况、地表水系、地下水系等，以便为排水设施的设置提供依据。对于降水情况的了解有助于制订防水措施，防止因雨水等因素导致施工困难。对于地表水系和地下水系的调查，可以指导施工过程中对水资源的合理利用和保护。

最后，气象调查是为了掌握施工现场的气候特点，如气温、湿度、风力、降水等。气象调查对于施工计划的制订、施工材料和设备的选用以及施工现场的安全管理具有重要意义。根据气象调查结果，施工方可以合理安排施工时间，避开恶劣天气，确保施工安全。

（四）施工所需资源的准备

施工所需资源的准备是岩土工程施工前的重要环节。为确保工程的顺利进行，施工方须充分准备人力资源、材料资源、设备资源以及资金资源等。

1. 人力资源准备

根据施工项目的规模、难度和施工周期，施工方须合理配置各类施工人员，包括技术人员、管理人员、施工工人等。同时，应确保施工人员具备相应的技能和经验，以满足施工要求。

2. 材料资源准备

根据施工图纸和施工计划，施工方须提前采购各类建筑材料，如水泥、钢筋、砖石、防水材料等。在材料采购过程中，要注意质量把关，确保施工材料的性能和质量符合国家标准。

3. 设备资源准备

根据施工需求，施工方须配备充足的施工设备，如挖掘机、推土机、吊车、泵车等。施工设备应具备良好的性能和可靠性，以确保施工效率和安全。

4. 资金资源准备

施工方须充分估算施工项目的资金需求，确保项目施工过程中有足够的资金用于支付人工、材料、设备等费用。同时，施工方还须加强对资金的财务管理，确保施工过程中的成本控制。

5. 施工场地准备

施工前，施工方须对施工现场进行充分准备，如排除地面积水、设置排水设施、平整场地等。此外，还须确保施工现场的临时设施和安全设施齐全，以满足施工需求。

6. 技术资料准备

施工方应向施工人员提供完整的技术资料，如施工图纸、施工方案、工程地质及气象资料等。这些技术资料有助于施工人员了解工程特点和要求，确保施工质量。

7. 施工组织准备

施工方须根据施工项目的要求，编制合理的施工组织设计，包括施工进度计划、施工工艺流程、质量管理体系等。施工组织准备充分，有助于提高施工效率和质量。

三、岩土工程施工过程的管理

（一）施工现场的管理与组织

岩土工程施工现场的管理与组织是一项至关重要的工作，它关系到整个项目的进度、质量和安全。

1. 现场施工计划的制订与执行

项目部应根据施工图纸和施工进度要求，编制详细的现场施工计划，包括施工顺序、工程量、人力资源配置等。在施工过程中，要严格按照计划进行组织与调度，确保工程进度不受影响。

2. 人力资源管理

合理配置现场施工人员，根据工程量和施工难度确定人员数量，同时注重人员的技能培训和安全教育。对于关键岗位，应由具备相应资格和经验的人员担任。

3. 物料管理

严格控制物料的进场和使用，确保物料的质量、规格与设计要求相符。对于易损耗物料，要建立相应的库存制度，确保施工现场的物料供应充足。

4. 施工设备管理

合理配置施工设备，定期进行设备检查和维护，确保设备性能良好、安全可靠。对于特种设备，要严格按照相关规定进行操作和维护。

5. 现场质量控制

施工现场的质量管理应以工程设计文件、施工规范和验收标准为依据，制订严格的检查、验收和整改制度，确保工程质量达到预期目标。

6. 现场安全与环境管理

施工现场安全管理的重点包括人员安全、设备安全和环境保护。要建立健全安全管理制度，制订安全事故应急预案，加强现场安全巡查，确保施工现场的安全。同时，还要注重环境保护，减少施工对周边环境的影响。

（二）施工质量的管理与控制

1. 质量计划控制

在施工前，要根据工程设计文件、施工规范和验收标准，编制施工质量计划。在施工过程中，要严格按照质量计划进行监控，确保各环节的质量符合要求。

2. 人员技能培训

加强质量管理人员的培训，提高他们的业务水平和质量管理能力。同时，对施工人员进行技能培训，确保他们掌握正确的施工方法和要求。

3. 物料质量控制

严格把控原材料、半成品和成品的质量，确保物料质量达到设计要求。对进场的物料进行抽样检测，严禁使用不合格的物料。

4. 施工工艺控制

采用先进的施工工艺和操作方法，确保施工过程中各项技术指标符合设计要求。加强对施工工艺的监督，对不符合要求的工艺及时进行整改。

5. 施工过程监控

在施工过程中，建立健全质量检查制度，对施工质量进行实时监控。加强对关键工序和重点部位的质量检查，确保工程质量稳定。

6. 质量验收与整改

在施工完成后，及时进行质量验收。对于不合格的部分，要分析原因，制订整改措施，并督促施工人员进行整改。

（三）施工安全的管理与控制

1. 安全培训与教育

加强施工人员的安全教育和培训，提高他们的安全意识和自我保护能力。培训内容包括安全法律法规、施工现场安全知识、应急预案等。

2. 安全管理制度

建立健全施工安全管理制度，包括安全责任制度、安全检查制度、安全事故应急预案等。明确各级管理人员的安全职责，确保施工现场安全。

3. 施工现场安全巡查

加强对施工现场的安全巡查，及时发现并消除安全隐患。对于重大隐患，要实行挂牌督办，确保整改到位。

4. 设施设备安全控制

对施工设备定期进行安全检查和维护，确保其安全性能良好。对于特种设备，要严格按照相关规定进行操作和维护。

5. 高危作业安全管理

对高空、深基坑、起重机械等高危作业环节进行严格管理，确保施工过程中的安全。

6. 安全事故应急预案

制订安全事故应急预案，明确事故应急组织、应急响应程序和应急措施等。定期组织应急演练，提高各方面应对突发事件的能力。

7. 安全信息沟通与报告

建立安全信息沟通渠道，及时掌握施工现场安全动态。对于安全事故和重大隐患，要严格按照规定进行报告和处理。

（四）施工环境与资源的管理与控制

岩土工程施工环境与资源的管理与控制是工程建设中的重要环节，涉及内容广泛，对于确保工程安全、质量和进度具有至关重要的意义。下面，就此话题展开详细讨论。

在岩土工程施工过程中，环境管理的重要性不容忽视。施工活动可能对周边环境产生一系列影响，如造成水土流失、地下水位变化等。因此，施工前必须进行详细的环境影响评估，并制订相应的预防和缓解措施。同时，施工过程中应实施严格的环境监测，确保各项环保措施得到有效执行，并及时调整施工方案以降低环境影响。

资源管理也是岩土工程施工中的关键环节。施工过程中涉及的人力、材料、设备等资源必须得到合理配置和高效利用，这要求工程项目团队具备丰富的管理经验和专业知识，能够根据工程实际情况进行科学的资源计划和调度。采用现代化的信息技术手段，如大数据分析和人工智能算法，可以进一步提高资源管理的效率和准确性，降低资源浪费。

在控制方面，岩土工程施工需要建立完善的管理体系和监管机制。应制订明确的管理规章制度，规范施工行为，确保各项管理措施得到有效执行。同时，加大施工现场的监管力度，对于违规行为进行严格惩处，以维护施工秩序和保障工程质量。

此外，岩土工程施工环境与资源的管理与控制还需要充分考虑工程的可持续性和社会责任。在施工过程中，应优先选用环保材料和设备，推广绿色施工技术，降低工程对环境的负面影响。同时，应加强与周边社区的沟通和协调，积极参与社会公益事业，树立良好的企业形象。

四、施工过程中的协调与沟通

岩土工程施工过程中的协调与沟通是确保项目顺利进行、提高施工效率、降低风险的关键环节。在复杂的施工环境中，多方参与者和多种专业领域之间的交互作用、协调与沟通显得尤为重要。

首先，多方参与者之间的协调是岩土工程施工的核心。业主、设计师、承包商、监理单位以及其他相关利益方在施工前、中、后阶段均需要有明确的职责界定；同时，应建立沟通机制，以确保信息流畅、责任明确。特别是遇到设计变更、工程延期等突发情况时，及时、高效的协调能够减少误解和冲突，为项目的平稳推进提供保障。

其次，不同专业领域之间的沟通在岩土工程施工中也具有突出地位。岩土工程涉及地质、结构、水文、环境等多个学科，各专业领域的知识和信息需要充分整合和交互。例如，地质工程师需要向结构工程师提供关于地层特性、地下水位等关键信息，以确保基础设计的合理性和安全性。而环境工程师则需要与地质和结构工程师紧密合作，以确保施工活动符合环保标准。

最后，为了实现高效的协调与沟通，现代岩土工程施工常采用信息技术手段，如建筑信息模型（BIM）、项目管理软件等，以促进信息的实时共享和更新。此外，定期的项目会议、现场技术交底以及书面的技术报告和备忘录也是确保各方信息一致、减少误解的有效途径。

五、岩土工程施工中的关键技术

（一）岩土工程的基本施工方法

1. 钻孔灌注桩施工法

钻孔灌注桩施工法是一种常用的岩土工程基础施工方法。该方法首先进行钻孔，然后在孔内灌注混凝土或钢筋混凝土形成桩身。钻孔灌注桩施工法适用于各种土层和岩石层，但在砂卵石层和岩层中施工时需要注意钻具和钻头的选择。施工过程中应注意孔壁稳定、防止塌孔，并控制好混凝土的灌注速度和压力。

2. 地下连续墙施工法

地下连续墙施工法是一种在地面以下建造连续墙体的施工方法。该方法使用钻机或挖机在地面上开挖槽口，然后将钢筋混凝土墙板逐块浇筑并在地下组装。地下连续墙适用于基坑较深、土体稳定性差的场合，能有效防止土体塌方和地下水涌入。施工过程中应注意控制墙体的垂直度、厚度和平整度，以及保证接缝的严密性。

3. 锚杆施工法

锚杆施工法是一种通过锚杆将岩体或土体固定以提高其稳定性的方法。锚杆一般由钢筋或钢缆制成，一端固定在岩体或土体中，另一端固定在支撑结构中。锚杆施工法适用于不稳定岩体或土体中的基坑支护、边坡稳定和地震防治等工程。施工过程中应注意锚杆的长度、布置方式和锚固质量。

4. 土钉墙施工法

土钉墙施工法是一种在土体中设置钢筋混凝土墙体，并通过墙体与土体之间的锚杆或钢筋相连，形成具有一定抗拉强度的复合墙体的方法。土钉墙适用于较浅基坑的支护、边坡稳定和地面加固等工程。施工过程中应注意墙体的垂直度、平整度和锚杆的长度、间距等参数。

5. 沉井施工法

沉井施工法是一种在地下水位以下或土层较深的场合，采用预制混凝土井壁和钢筋混凝土结构体，通过挖掘和降水等方法将井体下沉到设计位置的施工方法。沉井适用于管道、泵站、储罐等地下工程。施工过程中应注意井体的稳定性、下沉速度和排水、降水措施。

6. 盾构施工法

盾构施工法是一种用盾构机在地下挖掘隧道或地下室的施工方法。盾构机是一种具有自行推进、出土、支护和衬砌功能的设备。盾构施工法适用于软土地层和岩石地层的隧道、地铁、公路和水利等工程。施工过程中应注意盾构机的操作、衬砌质量和地下水控制。

7. 岩石爆破施工法

岩石爆破施工法是一种利用炸药或机械冲击将岩石破碎并清除的施工方法。适用于隧道、地下室、基坑和矿山等岩石工程。施工过程中应注意爆破设计、安全防护和环境保护。

（二）岩土工程的特殊施工技术

1. 深基坑开挖与支护技术

深基坑开挖过程中，为保证施工安全，必须采用合理的支护技术。常见的支护方式有桩锚支护、土钉墙支护、混凝土墙支护等。施工过程中，需要根据地质条件、地下水位、周边环境等因素选择合适的支护方案。

2. 地下连续墙施工技术

地下连续墙是在地下一定深度范围内施工的一种结构，它既能承受土体压力，又能抵抗地下水压力。地下连续墙施工技术包括挖槽、筑墙、防水等环节。其中，挖槽精度对地下连续墙的质量具有重要影响。

3. 隧道与地下洞室施工技术

在岩土工程中，隧道与地下洞室的施工技术至关重要。常见的施工方法有钻爆法、TBM法、盾构法等。施工过程中，需要关注地质条件、地下水位、施工设备选型等因素。此外，为确保施工安全，还须进行地下洞室的监测与检测。

4. 岩石爆破与破碎技术

在岩土工程中，岩石爆破与破碎技术是开挖与拆除的重要手段。爆破技术包括钻孔、装药、连线、起爆等环节。为确保施工安全，施工过程中须对爆破参数进行优化，降低爆破振动、飞石等安全隐患。

5. 特殊地基处理技术

针对不同类型的特殊地基，需要采用相应的地基处理技术。常见的方法有预压法、注浆法、压实土桩法等。地基处理技术的选择须综合考虑地质条件、工程需求、施工环境等因素。

（三）岩土工程的监测与检测技术

岩土工程的监测与检测技术是工程建设领域中不可或缺的重要环节，对于确保工程的安全性、稳定性和持久性具有至关重要的作用。随着科技的进步和工程实践的不断深入，监测与检测技术也在不断发展与创新。

岩土工程监测的主要目的是实时掌握工程结构和地质环境的状态变化，以预防潜在的安全风险。通过使用先进的传感器和仪器，可以对土壤和岩石的应力、变形、位移等关键参数进行实时监测。同时，利用无线传输和云计算技术，对监测数据可以实现远程传输和实时分析，大大提高了监测的效率和准确性。

检测技术主要用于工程施工前对工程地质条件进行详细调查，以及施工后对工程质量和安全性能进行评估。其中，地质雷达、声波探测和无损检测等技术是常用的手段。这些技术通过对土壤和岩石的物理特性进行检测和分析，可以揭示出地层结构、岩土参数、地下水位等关键信息，为工程设计和施工提供科学依据。

值得一提的是，随着人工智能和大数据技术的快速发展，监测与检测技术正朝着智能化和自动化的方向发展。例如，基于机器学习的数据分析方法可以实现对监测数据的自动处理和解释，提高了数据利用的效率；无人机和机器人技术可以应用于复杂环境的实时监测和检测，降低了人工作业的风险。

然而，尽管监测与检测技术在岩土工程中的应用已经取得了显著的成效，但仍然存在一些挑战和问题。例如，在复杂的地质环境下，如何确保监测数据的准确性和可靠性。此外，随着工程建设的规模和复杂性不断增加，如何进一步提高监测与检测的效率同时降低成本也是一个重要的研究方向。

（四）岩土工程的信息化施工技术

岩土工程的信息化施工技术是近年来工程领域的重要技术革新，它融合了现代信息技术与传统的岩土工程施工方法，极大地提高了工程的施工效率和质量。

信息化施工技术的核心是数字化、网络化和智能化。在施工前，利用先进的勘测和建模技术，工程师可以对工程地质条件、土壤和岩石特性等进行详细数字化描述，构建一个与实际工程一致的数字模型。利用数字模型，不仅可以在计算机中进行各种模拟分析，优化设计方案，还可以实现工程信息的实时更新和共享，提高决策效率和准确性。

在施工过程中，应用无线传感器网络、物联网和云计算等技术，实现对施工环境和工程结构的实时监测。监测数据通过无线网络传输到数据中心进行存储和分析，工程师可以根据监测结果及时调整施工方案，确保施工的安全性和质量。此外，利用先进的机器人和自动化技术，可以实现一些高风险、高难度施工任务的自动化执行，减少人力投入和安全风险。

信息化施工技术还带来了施工过程的透明化和可追溯性。应用大数据和人工智能技术，对施工过程中产生的海量数据进行挖掘和分析，可以实现对工程质量、进度和成本的全面监控和预测。同时，利用区块链技术，可以建立一个不可篡改的工程数据存档系统，确保施工信息的真实性和可信度。

然而，信息化施工技术在应用过程中也面临着一些挑战和问题。例如，如何确保数字化模型的准确性和可靠性，如何保障施工过程中数据的安全性和隐私性，如何提高信息化设备和系统的稳定性和可靠性等。针对这些问题，需要进一步加强研究和探索，不断完善和优化信息化施工技术的理论和方法。

六、岩土工程施工中的质量控制

（一）质量控制的目标与原则

岩土工程施工中质量控制的目标与原则是确保工程安全、实现设计要求和提升工程效益的基础。其主要目标是确保施工结果与设计预期一致，并满足相关标准和规范。

质量控制的首要目标是确保施工的安全性。在岩土工程中，由于地质条件和施工环境的复杂性，安全问题尤为重要。因此，严格控制施工过程中的各种风险因素，确保人员、设备和环境的安全是质量控制的核心任务。

其次，满足设计要求也是质量控制的重要目标。设计要求是工程建设的基准，施工结果必须与其保持一致。通过严格的质量控制，确保施工过程中的材料、设备、工艺和方法等符合设计要求，以保证工程的质量和性能达到预期。

最后，提升工程效益也是质量控制追求的目标之一。效益包括工程的经济效益和社会效益。优化资源配置、提高施工效率和降低工程成本，可以实现更好的经济效益，同时确保工程符合环保和社会责任要求，提升工程的社会认可度和形象，进而实现社会效益的最大化。

为了实现上述目标，岩土工程施工中的质量控制应遵循一些基本原则。首先是全面性原则，即质量控制应涵盖工程的各个方面和环节，确保无一遗漏。其次是科学性原则，即质量控制应基于科学的方法和手段，采用先进的技术和设备进行监测和检测。再次，预防性原则也是重要的，即质量控制应注重预防，通过风险预测和控制措施，防止质量问题的发生。最后，可控性原则要求质量控制应具备可操作性和可追溯性，以便及时发现问题并进行整改。

（二）质量控制的方法与手段

在岩土工程施工过程中，安全管理制度的建立和实施是保障工程顺利进行的关键。为了确保施工过程中的安全，我们需要从以下几个方面来探讨安全管理制度与措施。

（1）施工单位应制订完善的安全管理制度，明确各级安全管理职责。这一制度应包括施工现场的安全管理、人员培训、安全检查、事故应急预案等内容。建立健全的安全管理制度，有助于提高施工现场的安全管理水平，确保工程的安全。

（2）施工单位应加强人员培训，提高员工的安全意识。针对施工现场的特点和风险，对施工人员进行定期的安全培训，使他们掌握基本的安全知识和操作技能。此外，施工单位还应对新入职的员工进行安全培训，确保他们了解施工现场的安全规定和操作流程。

（3）施工现场应严格执行安全检查制度。施工单位应定期对施工现场进行安全检查，及时发现并消除安全隐患。安全检查应覆盖施工现场的各个环节，如基坑支护、土方开挖、混凝土浇筑等。对于检查中发现的问题，应及时整改，确保施工现场的安全。

（4）施工单位应建立事故应急预案，提高事故应急处理能力。应急预案应包括事故应急组织、应急措施、救援设备及人员等内容。在施工现场发生安全事故时，能够迅速启动应急预案，有效减少事故损失。

（5）施工单位应加强施工现场的安全监测。针对岩土工程的特点，选用合适的安全监测方法，如监测基坑变形、地下水位等。实时监测施工现场的安全状况，可以及时发现异常情况，并采取相应的措施进行处理。

（三）质量控制的重点与难点

在岩土工程施工过程中，安全事故的预防与处理至关重要。为了降低安全事故的发生率，确保施工过程中的安全，需要从以下几个方面来探讨安全事故的预防与处理。

第一，加强施工现场的安全管理。施工单位应建立健全的安全管理制度，明确各级安全管理职责，确保施工现场的安全。通过加强安全管理，提高施工现场的安全水平，减少安全事故的发生。第二，提高施工人员的安全意识。提高安全意识和操作技能有助于减少因人为因素导致的安全事故。第三，严格执行安全操作规程。施工单位应制订详细的安全操作规程，并确保施工现场严格按照规程进行施工。执行安全操作规程，可以防止安全事故的发生率。再次，做好施工现场的安全监测。施工单位应加强施工现场的安全监测，实时掌握施工现场的安全状况。一旦发现安全隐患，应及时采取措施进行处理。对于发生的安全事故，施工单位应迅速启动事故应急预案，进行事故处理。在事故处理过程中，要确保救援措施的及时性和有效性，尽量减少事故损失。同时，施工单位应深入开展事故调查，分析事故原因，找出安全管理中的不足。针对事故调查的结果，对安全管理体系进行完善，提高安全管理水平。第四，施工单位应加强安全事故的总结与反思。对于发生的安全事故，要深入总结教训，提高施工过程中的安全管理。通过对安全事故的总结与反思，不断提升安全管理水平，确保施工现场的安全。

七、岩土工程施工与环境管理

（一）环境影响评价与控制

岩土工程施工环境影响评价与控制是岩土工程领域中至关重要的环节，其目标在于准确评估施工活动对环境的影响，并采取相应的控制措施以减轻潜在的环境风险。

在进行岩土工程施工前，环境影响评价是必不可少的步骤。该评价综合考虑了工程施工过程中可能产生的环境影响，包括土地资源的占用、水资源的消耗、大气污染物的排放、噪声和振动的产生等。通过收集和分析相关数据，评价人员能够评估施工活动对环境的潜在影响程度和范围，为决策者提供科学依据。

针对评价所揭示的环境影响，制订相应的控制措施是至关重要的。首先，优化施工方法和工艺，选择环保、高效的施工技术和设备，以使对环境的负面影响最小化。其次，合理规划施工时间和进度，减少对周边环境和居民生活的影响。最后，加强施工现场管理，确保施工活动符合环境法规和标准，及时处理产生的废弃物和污染物。

在控制措施的实施过程中，监测和评估是不可或缺的环节。建立环境监测体系，实时监测施工过程中的环境指标，包括空气质量、水质、噪声等，确保控制措施的有效性。同时，定期开展环境影响评估，对施工过程中的环境问题及控制措施进行评估和总结，及时发现问题并进行改进。

此外，加强沟通和合作也是岩土工程施工环境影响评价与控制的重要方面。与相关部门和利益相关者进行充分沟通，共同制订和执行环境管理计划，形成合力推动环境保护工作的落实。开展环境教育和宣传，提高施工人员的环保意识和技能，形成全员参与环境保护的良好氛围。

（二）环保设施的配置与运行

岩土工程施工环保设施的配置与运行，是确保施工活动符合环境保护要求、降低对周边环境影响的重要手段。随着环境保护意识的提升和法规政策的加强，岩土工程施工中环保设施的配置与运行越来越受到关注。

在岩土工程施工前，应充分考虑环保设施的配置。这涵盖了废水处理设施、废气处理设施、噪声控制设施和固体废弃物处理设施等。废水处理设施可采用沉淀池、过滤器和生物处理装置等，以去除悬浮物、化学物质和有害物质，确保废水排放达到相关标准。废气处理设施可采用除尘器、脱硫脱硝装置等，降低施工过程中产生的有害气体排放。同时，合理配置噪音控制设施，如隔音墙、减震器等，降低施工噪声对周边环境的影响。此外，应设置固体废弃物分类收集和处理系统，实现废弃物的资源化利用和无害化处理。

环保设施的配置应充分考虑工程特点、施工条件和环保要求。在选择环保设备时，应注重设备的性能、效率和可靠性，确保其能够满足工程实际需求。同时，加强设备的维护和保养，定期检查设备的运行状态，及时更换损坏部件，以确保设施的正常运行和有效性。

在环保设施的运行过程中，应加强监测与管理。安装在线监测设备，实时监测废水、废气等污染物的排放情况，确保排放达标。同时，建立环保设施运行记录和管理制度，对设施的运行情况进行记录和分析，及时发现问题并采取相应措施进行整改。此外，加强培训与教育，提高施工人员的环保意识和操作技能，确保他们能够正确使用和维护环保设施。

为了进一步提高环保设施的配置与运行效果，可引入先进的技术手段和管理方法。例如，应用物联网技术对环保设施进行远程监控和智能化管理，实现数据的实时传输和分析，提高管理效率。同时，开展环保技术创新和研究，探索新的废弃物处理方法、节能降耗技术等，推动岩土工程施工环保设施的持续改进和发展。

（三）施工现场的环境管理

岩土工程施工现场的环境管理是一项至关重要的任务，其目标是确保施工过程符合环境保护标准，最大限度地降低对周围环境的负面影响，并保护生态系统的可持续性。为了有效管理施工现场环境，必须采取一系列综合性的措施。

施工前的环境影响评估是至关重要的。这一阶段应对工程可能产生的环境影响进行全面、科学的预测和评估，包括但不限于土地利用变化、水资源影响、大气排放和噪声污染等方面。通过充分了解工程潜在的环境风险，可以为后续的环境管理提供有力的决策依据。

制订合理的环境管理计划是确保环境管理有效性的关键。该计划应明确环境管理目标、措施和责任分工,确保各项管理活动有条不紊地进行。计划还应包括应急预案,以应对可能发生的环境事故,从而减轻对环境和生态系统的损害。

另外,在施工过程中,实施严格的现场环境监控是必不可少的。安装监测设备,设立观测点,开展定期巡查,以及时发现环境问题并采取相应措施进行整改。此外,加强对施工现场废水、废气、废渣等污染物的处理与处置,确保达标排放,是防止环境污染的重要环节。

提高施工人员的环境保护意识和技能也是至关重要的。开展环境保护培训、宣传和教育活动,使施工人员充分认识到环境保护的重要性,并学习掌握相关的环境保护知识和技能。这将有助于形成全员参与环境保护的良好氛围,推动环境保护工作的有效实施。

此外,加强与相关方的沟通与合作也是施工现场环境管理的重要方面。与政府部门、社区居民和其他利益相关者保持密切沟通,共同解决环境问题,可以增强工程的社会认可度和形象。通过建立合作伙伴关系,可以共同推动环境保护工作的深入开展。

在施工现场环境管理中,持续改进和创新也是不可忽视的方面。鼓励采用环保新技术、新材料和新工艺,不断优化施工方案和工艺流程,可以降低施工过程中的环境风险。同时,开展环境保护科研和技术创新,推动绿色施工技术的发展和应用,为岩土工程施工现场环境管理提供持续的技术支持。

八、岩土工程施工与节能管理

(一)节能管理的必要性

随着我国经济的快速发展,能源需求不断增长,能源供应与环境保护的矛盾日益突出。岩土工程施工与节能管理成了工程建设领域关注的焦点。下面将探讨岩土工程施工中节能管理的必要性。

(1)节能管理有助于提高岩土工程项目的经济效益。能源成本是工程项目总投资的重要组成部分,科学的节能管理,可以降低能源消耗,从而降低项目运营成本。此外,节能管理还可以提高工程项目的竞争力,使企业在激烈的市场竞争中立于不败之地。

(2)节能管理有利于促进岩土工程行业的可持续发展。能源资源日益紧张,传统的高能耗施工方式难以为继。实施节能管理,推广绿色施工技术,有助于提高资源利用效率,减少环境污染,为行业的长期发展创造有利条件。

(3)节能管理有助于提高岩土工程项目的质量与安全性。通过节能管理,可以降低施工现场的环境温度,减少工程裂缝、沉降等质量问题。同时,节能管理有助于提高施工现场的安全系数,降低安全事故发生的风险。

(4)节能管理有助于推动我国岩土工程技术创新。在节能管理的过程中,企业需要不断探索新的施工方法、设备和材料，以降低能源消耗。这将有助于提高我国岩土工程技术的整体水平，为行业的持续发展提供强大动力。

（二）节能技术的应用与优化

在岩土工程施工过程中，应用节能技术是实现能源节约的关键。下面将重点探讨岩土工程施工中节能技术的应用与优化。

（1）优化施工方案。在项目策划阶段，应充分考虑地形、地质、气候等因素，制订合理的施工方案。通过对比分析，选择能耗较低的施工方法，降低工程整体能耗。

（2）推广绿色施工设备。引进先进的绿色施工设备，提高设备能效，降低设备运行过程中的能源消耗。同时，加强设备的维护保养，确保设备在高效状态下运行。

（3）使用节能材料。选用高性能、低能耗的岩土工程材料，降低材料在生产、运输、施工过程中的能源消耗。此外，合理利用废旧材料，提高资源利用率，减少能源浪费。

（4）强化施工现场管理。通过科学合理的现场布局，减少材料运输过程中的损耗。加强现场巡查，确保施工过程中的能源设备、设施正常运行。

（5）创新施工工艺。积极研发新型施工工艺，提高施工效率，降低能耗。例如，采用先进的钻孔技术，减少钻孔过程中的能源消耗。

（三）节能管理的措施与制度

为确保岩土工程施工与节能管理的有效实施，建立健全的节能管理制度至关重要。下面将探讨岩土工程施工中节能管理的措施与制度。

（1）建立健全节能管理组织。企业应成立专门的节能管理部门，负责制订、监督和落实节能管理制度。同时，加强各级员工的节能教育培训，提高全体员工的节能意识。

（2）制订科学的节能规划。根据项目特点，制订切实可行的节能规划，明确节能目标和具体措施。同时，加强对节能规划的审查与监督，确保各项措施的落实。

（3）建立激励与约束相结合的节能机制。设立节能奖励基金，对表现突出的个人和团队给予奖励。同时，加大对节能减排不力的处罚力度，形成有效的约束机制。

（4）加强节能监测与评价。建立健全岩土工程施工过程中的节能监测体系，定期对能源消耗、排放等情况进行监测与评价。通过对监测数据的分析，不断优化节能措施，提高节能效果。

（5）强化沟通协调。企业应与政府、行业协会、科研院所等密切合作，共享节能技术和管理经验，共同推进岩土工程施工与节能管理的发展。

九、岩土工程施工合同与风险管理

（一）施工合同的签订与履行

施工合同是岩土工程中至关重要的一环，它明确了双方在工程过程中的权利和义务，对于确保工程顺利进行具有重要作用。在签订施工合同前，首先要对工程进行充分的调研和评估，包括工程的技术难度、施工条件、工程量等，以便为合同条款的制订提供依据。

施工合同的签订应遵循公平、公正、公开的原则，合同内容应详细、明确，包括但不限于以下几个方面：工程范围、工程量、工程进度、工程质量、工程造价、付款方式、违约责任等。特别要注意的是，合同中应明确规定工程变更和索赔的程序和标准，以避免后期纠纷。

在施工过程中，合同的履行是双方按照合同约定完成各自义务的过程。合同履行的效果直接影响到工程的质量和进度。承包商应严格按照合同约定的施工标准和流程进行施工，确保工程质量。同时，业主也应按照合同约定的付款进度支付工程款，保障承包商的合法权益。

此外，对于岩土工程而言，由于其复杂性和不确定性，合同履行过程中可能会出现各种风险。如施工过程中的技术难题、工程变更、自然灾害等。对这些风险，双方应提前预测和评估，并在合同中明确规定应对措施，以降低风险对工程的影响。

（二）工程变更与索赔管理

工程变更和索赔是岩土工程施工过程中不可避免的问题，妥善处理这些问题对于保障工程顺利进行和维护双方合法权益具有重要意义。

工程变更指在施工过程中，由于设计错误、施工条件变化、业主需求变更等，导致工程内容、工程量、工程进度等发生变动。工程变更可能导致工程造价的增减，甚至影响工程质量。因此，对于工程变更，应严格按照合同约定的程序进行，任何一方不得擅自变更。

索赔指在施工过程中，由于对方违约、不可抗力等原因，导致自身合法权益受损，要求对方承担相应责任的行为。索赔的范围包括工程损失、工期延误、额外费用等。对于索赔，应严格按照合同约定的条件和程序进行，确保公平公正。

在工程变更和索赔管理过程中，关键是证据的收集和整理。双方应妥善保存施工过程中的各类文件和资料，包括施工记录、验收报告、支付凭证等。在发生变更或索赔事件时，应及时收集相关证据，为自身权益争取最大程度的保障。

（三）施工合同风险识别与评估

岩土工程施工合同风险识别与评估是工程项目管理中至关重要的环节，其目的在于全面识别合同执行过程中可能面临的风险，并对其进行科学评估，从而为后续的风险应对策略的制订提供有力支撑。

识别岩土工程施工合同风险，首先需要对合同条款、工程条件和外部环境进行全面分析。其中，合同条款风险可能涉及工程范围、工期、质量标准和支付方式等方面，工程条件风险可能包括地质条件、施工技术和设备限制等，而外部环境风险则可能包括政策法规变化、自然灾害和市场变动等因素。为了确保风险识别的全面性，可以采用历史数据分析、专家咨询和风险评估会议等多种方法。

在风险识别的基础上，进行风险评估是对已识别风险进行量化和定性分析的过程。通过概率—影响矩阵、敏感性分析和蒙特卡罗模拟等风险评估工具，可以对风险的发生概率和潜在影响进行科学计算，从而为决策者提供明确的风险优先级和管理重点。风险评估的结果不仅可以指导风险管理资源的分配，还可以为合同谈判和条款修订提供有力依据。

值得注意的是，岩土工程施工合同风险识别与评估是一个动态的过程。随着工程的进展和外部环境的变化，新的风险可能会不断涌现，而已有风险的性质和影响也可能发生变化。因此，定期对合同风险进行重新识别和评估，以确保风险管理的时效性和有效性是至关重要的。

此外，岩土工程施工合同风险识别与评估，还需要充分考虑利益相关者的需求和期望。与业主、承包商和监理单位等利益相关者的深入沟通，可以更加全面地了解他们对风险的认识和关注重点，从而提高风险管理的针对性和实际效果。

（四）施工合同风险防范与应对措施

岩土工程施工合同风险防范与应对措施是确保工程项目顺利进行、降低风险影响的关键环节。为了有效应对各种风险，必须建立一套完善的风险防范与应对体系。

（1）强化合同条款是防范风险的基础。在合同签订阶段，应对合同条款进行详细审查，确保其中明确了工程范围、工期、质量标准和责任划分等内容，并充分考虑可能出现的风险和变化因素，以避免产生合同歧义和纠纷。

（2）加强项目管理是降低风险的有效途径。建立完善的项目管理体系，明确各项管理流程和责任分工，可以提高项目管理的规范性和效率。同时，加强项目进度和质量的监控，确保工程按照合同要求顺利进行，及时发现和解决工程过程中的问题。

（3）提高技术水平是应对风险的重要手段。在岩土工程施工中，地质条件和施工环境的复杂性常常给工程带来诸多技术难题。因此，加强技术研发和培训，提升施工团队的技术水平和实践经验，可以有效应对工程中的技术风险，并降低潜在的安全和质量隐患。

（4）在风险应对措施方面，建立应急预案是必不可少的。针对可能出现的重大风险事件，应制订详细的应急预案，明确应急组织、通信联络、现场处置和资源保障等措施，以确保在风险发生时能够迅速响应并有效处置。

此外，加强沟通和合作也是防范风险的重要举措。与业主、承包商、监理单位和政府部门等利益相关者保持密切沟通，及时分享工程信息和风险动态，共同应对风险挑战，可以形成合力，提高风险管理的效果。

十、岩土工程施工与管理发展趋势

（一）信息化管理技术应用

随着信息技术的发展，信息化管理技术在岩土工程施工与管理中得到了广泛应用。信息化管理技术不仅提高了施工与管理效率，还降低了施工过程中的风险。下面将重点探讨信息化管理技术在岩土工程施工与管理中的具体应用。

1. 工程监测与数据分析

信息化管理技术在岩土工程施工过程中，可以通过实时监测数据，对工程进度、质量、安全等方面进行全面把控。通过分析监测数据，施工方可以及时发现问题，采取针对性的措施进行调整。此外，数据分析还可以为后续工程提供宝贵经验，提高施工与管理水平。

2. 协同管理与远程协作

信息化管理技术实现了施工现场与远程办公的高效协同，使项目管理人员、技术人员和施工人员能够实时交流、共享信息。通过远程协作，施工方可以迅速响应施工现场的需求，为工程提供有力支持。同时，协同管理有助于提高项目管理的透明度，确保工程质量、进度和安全目标的实现。

3. 智能施工设备与技术

信息化管理技术在岩土工程施工中，可以应用于智能设备的控制与调度。通过实时数据分析，施工方可以优化设备配置、调度方案，提高施工效率。此外，智能施工技术还可以实现工程的精细化管理，降低施工过程中的风险。

4. 项目管理决策支持

信息化管理技术可以为岩土工程施工与管理提供有力的数据支持。通过对历史数据和实时数据的分析，项目管理人员可以更加准确地预测工程进度、质量和成本，为项目决策提供依据。同时，信息化管理技术还可以帮助企业进行风险评估，提高项目管理的安全性。

5. 人才培养与素质提升

信息化管理技术的应用，对施工与管理人员的素质提出了更高要求。企业需要加强对员工的培训，提高员工的信息化管理水平。通过人才培养，企业可以不断提升自身的施工与管理能力，适应岩土工程施工与管理的发展趋势。

（二）绿色施工与可持续发展

随着环保意识的不断提升，绿色施工与可持续发展已成为岩土工程施工与管理的重要议题。下文将探讨绿色施工与可持续发展在岩土工程中的具体实践，以期为我国岩土工程施工与管理提供有益参考。

1. 绿色施工技术

绿色施工指在施工过程中，采用环保、节能、低碳的方法，降低对环境的影响。相应的技术即绿色施工技术。在岩土工程施工中，绿色施工技术可以应用于施工现场管理、土方开挖与回填、材料运输等方面。例如，采用环保型施工工艺，降低噪声、粉尘等污染；优化土方开挖与回填方案，减少对周边环境的影响；合理规划材料运输路线，降低能耗。

2. 节能减排与能源管理

节能减排与能源管理是绿色施工的重要组成部分。在岩土工程施工过程中，企业可以通过采用节能设备、合理配置电源、优化施工方案等手段，降低能源消耗。此外，企业还需要加强对能源消耗的监测与管理，确保施工过程中的能源利用效率。

3. 水资源管理与循环利用

水资源在岩土工程施工中具有重要意义。绿色施工要求企业对水资源进行合理管理与循环利用，降低水资源的浪费。施工过程中，企业应采用节水型设备，提高水资源利用效率；建立水资源循环利用系统，实现废水的处理与再利用；关注周边水环境，防止施工污水对水源地的污染。

4. 废弃物管理与资源化利用

废弃物是岩土工程施工过程中产生的主要污染物。绿色施工要求企业对废弃物进行有效管理，实现资源化利用。施工过程中，企业应分类收集废弃物，提高回收率；加强废弃物处理设施的建设和管理，确保处理效果；推广废弃物资源化利用技术，降低对环境的影响。

5. 生态环境保护与修复

绿色施工强调对生态环境的保护与修复。在岩土工程施工过程中，企业应关注周边生态环境，尽量避免对生态系统的破坏。施工结束后，企业须开展生态修复工作，恢复受损的生态环境。例如，实施植被恢复、水土保持等措施，提高生态系统的稳定性和自净能力。

（三）建筑工业化与预制构件应用

在岩土工程施工与管理中，建筑工业化与预制构件的应用日益广泛。随着科技的发展和环保意识的提升，建筑工业化以高效、绿色、环保的特点得到了迅猛发展。预制构件的应用则大大提高了建筑的施工效率，降低了成本，同时提高了工程质量。

预制构件的应用使得岩土工程实现了模块化、标准化生产，降低了施工现场的环境污染和噪声扰动。预制构件可以批量生产，从而确保工程质量的稳定性，提高施工效率。此外，预制构件还具有优良的抗震性能，有利于提高建筑的安全性。

在建筑工业化与预制构件应用的过程中，还应注意以下几点。

1. 加强对预制构件生产过程的监控，确保产品质量

从原材料的选择、生产工艺到成品检验，都要严格把关，以保证预制构件的性能和质量。

2. 提高施工现场的装配能力

装配式建筑对施工队伍的技能要求较高，因此，施工队伍应不断提高自身的技术水平，适应建筑工业化的需求。

3. 强化施工现场的安全管理

预制构件的安装过程中，应注意现场安全防护，避免因操作不当导致事故发生。

4. 优化预制构件的设计与生产

根据工程项目的特点，合理设计预制构件的种类和尺寸，以满足施工需求。同时，充分利用现代技术手段，提高预制构件的生产效率和质量。

（四）BIM 技术在岩土工程施工与管理中的应用

随着信息技术的发展，（Building Information Modeling，BIM）技术在岩土工程施工与管理中发挥着越来越重要的作用。BIM 技术是一种基于三维建模的数字化建筑设计与施工技术，它可以在设计、施工、运维等各个阶段为工程提供全面、准确、实时的信息支持。

在岩土工程施工与管理中，BIM 技术的应用主要体现在以下几个方面。

1. 设计阶段

使用 BIM 技术，可以实现设计方案的三维可视化，便于施工方、业主方等相关方更好地理解和沟通设计意图。同时，BIM 技术可以实现设计数据的实时更新，从而提高设计效率和准确性。

2. 施工阶段

利用 BIM 技术，可以生成详细的施工图纸和施工计划，有助于施工队伍了解工程进度、任务分配和资源调配。此外，BIM 技术还可以实现施工过程中工程量的动态统计，为成本控制提供依据。

3. 运维阶段

在工程交付后，BIM 模型可作为运维管理的基础数据，为设施维护、设备管理、安全保障等提供支持。

4. 协同管理

BIM 技术可以实现项目各方的实时沟通与协同工作，提高项目管理效率。

5. 风险管理

通过 BIM 模型，可以对工程项目的风险进行预测和评估，有利于制订相应的风险应对措施。

第五章　岩土工程安全防护技术

>> 第一节　岩土工程安全防护技术概述

一、岩土工程安全防护技术发展历程

岩土工程安全防护技术的发展历程可以追溯至古代，但真正意义上的技术进步和创新主要集中在近现代。随着科技的不断进步和工程实践的不断积累，岩土工程安全防护技术经历了多个重要的发展阶段，形成了一系列行之有效的理论和方法。

在古代，人们主要依靠经验和直观的判断来进行岩土工程安全防护。例如，利用自然材料如石头、土壤和木材来加固边坡和防止坍塌。这一阶段缺乏科学理论和系统性的方法，防护效果往往有限。

进入近现代以后，随着土木工程和地质学的发展，岩土工程安全防护技术开始逐步科学化。20世纪初期，工程师们开始运用土木工程原理对边坡和基坑进行支护设计，采用更为坚实的材料如钢筋混凝土和预应力锚索等。这一阶段主要关注的是工程结构的安全性和稳定性，对环境和生态因素考虑相对较少。

到了20世纪中后期，环境保护意识的增强推动了岩土工程安全防护技术的进一步发展。工程师们开始重视工程与自然环境的和谐共处，强调防护工程与景观的融合。植被防护技术，如草坪护坡、绿化挡土墙等，既能起到防护作用，又能美化环境，逐渐得到广泛应用。

随着计算机技术的进步，数值分析方法和仿真技术在岩土工程安全防护中得到了广泛应用。工程师们可以利用计算机进行边坡稳定性分析、地下水流模拟等复杂计算，以更精确的方法评估和设计防护工程。同时，遥感技术、地理信息系统等先进技术的应用也为防护工程的设计和施工提供了强有力的支持。

近年来，随着可持续发展理念的深入人心，岩土工程安全防护技术正朝着绿色、智能和可持续的方向发展。新型材料如高分子材料和复合材料在防护工程中得到了广泛应用，提高了工程的耐久性和适应性。智能化监测和预警系统，能够实时监测工程的安全状况并进行预警，为防护工程的安全管理提供了有力保障。

未来，岩土工程安全防护技术将面临更多的挑战和机遇。随着气候变化和极端天

气事件的增多，防护工程需要适应更加复杂多变的环境条件。同时，城市化和基础设施建设的不断推进也对防护工程提出了更高的要求。因此，跨学科的研究与合作需要进一步加强，以推动岩土工程安全防护技术的不断创新和发展，为工程建设和环境保护作出更大的贡献。

二、岩土工程安全防护技术定义及分类

（一）岩土工程安全防护技术定义

岩土工程安全防护技术，顾名思义，指在岩土工程实践中，为确保工程安全、降低风险、防止事故发生而采取的一系列技术措施。具体来说，它主要包括以下几个方面。

1. 勘查设计阶段的安全防护技术

在工程项目前期，通过地质勘查、水文勘查等手段，充分了解项目所在地的地质条件，为工程设计提供准确的数据依据。同时，根据工程特点和地质条件，制订合理的安全防护措施，确保工程设计的安全性。

2. 施工阶段的安全防护技术

在工程施工过程中，针对不同施工环节可能出现的安全隐患，采取相应的安全防护措施，如边坡稳定防护、地下工程防水堵漏、土方开挖与回填的安全控制等。

3. 监测与检测技术

对岩土工程项目进行实时监测和检测，可以及时掌握工程安全状况，发现潜在的安全隐患，为调整防护措施提供依据。监测技术包括地面变形监测、地下水位监测、土压力监测等。

4. 应急救援技术

针对岩土工程可能发生的安全事故，制订应急预案，确保事故发生时能够迅速采取有效措施，降低事故损失。应急救援技术包括事故应急预案的编制、救援设备准备、救援人员培训等。

5. 安全管理与培训技术

通过建立完善的安全管理体系，明确安全管理职责，加强安全培训，提高从业人员的安全意识和技能水平。安全管理技术包括安全管理制度建设、安全培训计划制订、安全巡查等。

（二）岩土工程安全防护技术分类

1. 边坡防护技术

主要包括喷锚支护、土钉墙、护坡网等。边坡防护技术的主要目的是保证边坡的稳定性，防止滑坡、崩塌等事故的发生。

2. 地下工程防护技术

包括防水堵漏技术、地下连续墙、沉井等。这类技术主要用于防止地下水、土体对地下工程的不良影响，确保地下工程的安全稳定。

3. 土方开挖与回填防护技术

主要包括土方开挖顺序与方法、基坑支护、回填土质量控制等。这类技术旨在确保土方开挖与回填过程中的安全。

4. 地质灾害防治技术

包括地质灾害预警、地质灾害治理、地质灾害监测等。这类技术主要用于预防和治理地质灾害，保障岩土工程安全。

5. 结构安全防护技术

主要包括结构检测、结构加固、结构健康监测等。这类技术旨在保证结构的安全性能，提高抗灾能力。

6. 环境安全防护技术

包括施工现场环境整治、噪声与振动控制、废水处理等。这类技术主要用于保护周边环境，降低工程对周围环境的影响。

7. 人员安全防护技术

包括个人防护装备、安全培训、应急救援等。这类技术主要用于保障从业人员的人身安全。

三、岩土工程安全防护技术关键内容

岩土工程安全防护技术的关键内容涵盖了多个方面，下面将详细探讨其中的几个关键方面。

（1）边坡稳定性分析。边坡是岩土工程中常见的结构形式，其稳定性直接关系到工程的安全。边坡稳定性分析是对边坡的土质条件、坡度、高度等因素进行综合评估，以确定其潜在的不稳定因素和风险程度。常用的分析方法包括极限平衡法、数值模拟和物理模型试验等。通过对边坡稳定性的准确评估，工程师可以设计合适的支护结构和防护措施，以确保边坡的稳定性和安全性。

（2）地下水的控制和管理。地下水对岩土工程的安全性和稳定性具有重要影响。地下水的流动和渗透作用可能导致土壤液化、地面塌陷和渗透破坏等问题。因此，在岩土工程安全防护中，必须对地下水进行合理控制和管理。常用的地下水控制方法包括设置排水系统、防渗帷幕和地下水降水等。有效的地下水控制，可以降低地下水对工程的不利影响，提高工程的安全性和稳定性。

（3）土体力学性质的研究也是岩土工程安全防护技术的关键内容之一。土体的力学性质决定了其在荷载作用下的变形和破坏行为。因此，深入研究土体的力学性质对于准确评估工程的安全性和稳定性至关重要。常用的土体力学性质研究方法包括室内试验、现场测试和理论分析等。通过对土体的力学性质进行深入研究，工程师可以更准确地预测工程在不同荷载条件下的响应，从而设计出更安全、更经济的防护工程。

（4）防护结构的设计和施工也是岩土工程安全防护技术的关键内容之一。防护结构的设计应考虑到工程的具体要求、地质条件、荷载特点和使用寿命等因素。常用的防护结构包括挡土墙、支护桩、锚杆和预应力锚索等。在施工过程中，应严格按照设计要求进行施工，确保防护结构的质量和性能达到设计要求。同时，施工过程中的监测和质量控制也是至关重要的，以及时发现和解决施工中的问题，确保防护工程的安全性和稳定性。

第二节　岩石边坡防护技术

一、岩石边坡防护技术措施与影响因素

（一）主要防护措施

1. 坡面防护

坡面防护是岩石边坡防护的重要组成部分，其主要目的是防止边坡岩体的进一步风化、破碎，以及防止滑坡、崩塌等灾害的发生。坡面防护措施主要包括以下几个方面。

（1）喷浆加固：通过对边坡岩体表面喷射混凝土或砂浆的方法，使其与岩体紧密结合，形成一层保护层，提高边坡的稳定性。喷浆加固具有施工速度快、效果明显、成本较低的优点。但需要注意的是喷浆厚度要均匀，以防止出现空鼓、开裂等现象。

（2）锚杆加固：通过在边坡岩体内钻孔，安装锚杆，然后灌注水泥砂浆，使锚杆与岩体紧密黏结，从而提高边坡的稳定性。锚杆加固具有施工速度快、效果显著、成本较低的优点。但适用于较完整的岩体，对于破碎岩体，需要采用其他加固措施。

（3）网格梁加固：将边坡划分为若干个网格单元，然后在网格内设置钢筋混凝土梁，梁与岩体紧密结合，提高边坡的稳定性。网格梁加固具有结构简单、施工方便、效果显著的优点，但成本较高，适用于边坡稳定性要求较高的工程。

（4）植物防护：通过在边坡表面种植植物，利用植物的根系固定土壤，提高边坡的稳定性。植物防护具有环保、生态、可持续的优点，但施工周期较长，效果受到气候、土壤等条件的影响。

（5）防护网：一种钢丝绳网结构，通过锚杆或钢筋混凝土柱子固定在边坡表面，具有良好的抗冲击性能和防护效果。防护网适用于边坡稳定性较差、易发生滑坡、崩塌等灾害的工程。

2. 拦截措施

拦截措施是岩石边坡防护的另一个重要环节，主要目的是防止边坡岩体产生的碎屑、岩块等危险物质对周边环境造成危害。拦截措施主要包括以下几个方面。

（1）落石网：一种张拉式结构，通过锚杆或钢筋混凝土柱子固定在边坡表面，能够有效地拦截落石、碎屑等危险物质。落石网具有拦截效果好、抗冲击性能强、施

工方便等优点，但需要注意的是，要选择合适的材料和设计，以保证拦截效果和安全性。

（2）拦截墙：一种结构坚固的防护设施，通常采用混凝土、钢筋混凝土等材料建造。拦截墙设置在边坡下方，用以拦截落石、岩块等危险物质。拦截墙具有防护效果显著、稳定性高、成本较低的优点，但施工难度较大，适用于边坡稳定性较差的工程。

（3）缓冲区：一种在边坡下方设置的软性防护设施，通常采用土、砂、草皮等材料覆盖。缓冲区能够有效地减小落石、岩块等危险物质对周边环境的冲击力，降低危害程度。缓冲区具有环保、生态、施工简便的优点，但防护效果受到材料性能、气候条件等因素的影响。

（4）排水设施：边坡防护的重要组成部分，通过设置排水沟、排水管道等设施，有效地排除边坡表面的水分，降低边坡的稳定性。排水设施对于防止边坡滑坡、崩塌等灾害具有重要作用。

（5）监测预警系统：监测预警系统是一种对边坡稳定性进行实时监测，及时发现边坡险情，采取措施进行防治的系统。监测预警系统具有信息化、智能化的优点，能够提高边坡防护的及时性和有效性。

3. 支顶加固

支顶加固是岩石边坡防护技术中的一种重要措施，主要适用于边坡稳定性较差、坡面不平整、风化程度较高的岩石边坡。支顶加固的目的是通过增强边坡的支撑能力，提高其稳定性，防止边坡发生滑坡、崩塌等情况。

支顶加固的方法主要有以下几种。

（1）钢筋混凝土支护：这是一种常用的支顶加固方法。在边坡内部设置钢筋混凝土结构，如桩、墙等，这样就能通过锚杆或钢筋与边坡岩体相连，提高边坡的支撑能力。钢筋混凝土支护具有强度高、耐久性好等特点，适用于各类岩石边坡。

（2）锚杆支护：利用锚杆的抗拉强度，将边坡岩体与稳定岩体相连，提高边坡稳定性的加固方法。锚杆支护可分为预应力锚杆和无预应力锚杆两种。预应力锚杆在施工过程中对边坡施加预应力，使边坡岩体处于受压状态，从而提高其稳定性。无预应力锚杆则仅通过锚杆的抗拉强度来实现加固效果。

（3）钢丝网罩：一种轻型支护结构，主要由钢丝网、钢筋支架和锚固件组成。钢丝网罩适用于边坡风化程度较高、坡面不平整的工程。钢丝网罩具有结构简单、施工方便、成本较低等优点，但加固效果略逊于钢筋混凝土支护和锚杆支护。

（4）土钉墙：一种以土体为主要承载体的支护结构，通过设置土钉（钢筋或钢管）与土体形成整体，提高土体的抗剪强度和抗倾覆稳定性。土钉墙适用于较软岩体和土质边坡，尤其适用于基岩边坡的风化层较厚、稳定性较差的工程。

（5）石笼支护：一种以块石为主要材料，采用钢筋网格加固的支护结构。石笼支护具有较好的抗冲刷能力和稳定性，适用于边坡防护、河道整治等工程。

在实际工程中，支顶加固措施的选择应根据边坡的地质条件、稳定性分析结果和经济性等因素综合考虑。同时，支顶加固施工过程中应注意监测边坡的稳定性，以确保施工安全。

4. 拦挡遮挡工程

拦挡遮挡工程是岩石边坡防护技术中的一种重要措施，主要用于防止边坡滑坡、崩塌等灾害对下方建筑物、道路、农田等造成危害。拦挡遮挡工程通过对坠落物进行拦截、减速、分散，降低其对下方目标的冲击力，确保人身安全和财产安全。

拦挡遮挡工程的主要类型如下。

（1）拦挡墙：一种常用的拦挡遮挡结构，主要用于拦截坠落岩石和土体。拦挡墙通常采用混凝土、石材等材料制成，具有较高的强度和稳定性。在设计拦挡墙时，应充分考虑其抗冲击能力、抗震性能等因素。

（2）格栅式拦挡网：一种以钢筋网格为主要结构的拦挡设施，具有良好的拦截效果和抗冲击性能。格栅式拦挡网可根据需要设置在不同高度，以适应不同规模的坠落物。此外，格栅式拦挡网具有较好的透视性，有利于观察边坡状况。

（3）钢板网拦挡墙：一种以钢板网为主要材料的拦挡结构，具有较高的强度和稳定性。钢板网拦挡墙适用于边坡防护、道路防护等工程。钢板网拦挡墙施工方便，且具有一定的美观效果。

（4）植物防护：通过种植植物，利用其根系固定边坡土壤，达到遮挡坠落物目的的一种环保型防护措施。植物防护适用于边坡稳定性较好、土壤侵蚀较严重的地区，具有生态环保、景观美化等优点，但遮挡效果略逊于其他拦挡设施。

（5）缓冲垫：一种用于减轻坠落物冲击力的防护设施。通常采用弹性材料（如橡胶、聚氨酯等）制成，具有良好的缓冲性能。缓冲垫可设置在拦挡设施下方，以减轻坠落物对下方目标的冲击。

在选择拦挡遮挡工程类型时，应综合考虑边坡条件、坠落物特性、防护目标等因素。同时，拦挡遮挡工程的施工应严格按照设计要求和施工规范进行，确保工程质量和安全。

（二）落石防护有关因素

1. 落石速度

在岩石边坡防护技术中，落石速度是影响落石防护效果的一个重要因素。落石速度的快慢直接关系到防护措施的设计和选择。一般来说，落石速度越快，冲击力越大，对防护设施的要求也就越高。

落石速度受到多种因素的影响，如岩体的物理性质、地质条件、边坡坡度、落石高度等。在实际工程中，结合现场观察和实验数据，可以对落石速度进行预测。相关研究成果显示，落石速度与落石高度呈正相关关系，即落石高度越高，落石速度越快。此外，落石速度还与边坡坡度有关，当边坡坡度较大时，落石速度会有所减小。

为了确保防护设施的有效性，需要对落石速度进行合理控制。在设计防护措施时，应根据实际工程条件，充分考虑落石速度的影响。例如，在确定防护网的网孔大小和材料强度时，需要考虑落石速度的影响。此外，对于高速落石的情况，主动防护措施比被动防护措施效果更好。

2. 落石运动轨迹

落石的运动轨迹是另一个影响防护效果的关键因素。落石运动轨迹的预测和分析有助于确定防护设施的布置位置和形式。根据物理学原理，落石的运动轨迹主要受到重力和空气阻力的影响。在实际工程中，运用现场观察、实验数据和数值模拟等方法，可以预测落石的运动轨迹。

落石运动轨迹的预测对于防护设施的布置具有重要意义。在设计防护措施时，需要根据落石的运动轨迹，确保防护设施能够有效地拦截和分散落石。此外，对于不同类型的防护设施，其拦截效果和适用范围也有所不同。因此，在选择防护设施时，应充分考虑落石运动轨迹的影响。

3. 冲击力

冲击力是落石对防护设施产生破坏的关键因素之一。冲击力的大小与落石速度、落石质量和落石形式等因素密切相关。在岩石边坡防护技术中，冲击力是衡量防护设施性能和安全性的重要指标。

冲击力的大小可以通过理论计算和实验测试来确定。在实际工程中，为了保证防护设施的安全性能，需要对其承受的冲击力进行合理设计。防护设施的设计应充分考虑冲击力的影响，以确保在实际应用中具有较好的抗冲击性能。

≫ 第三节　土质边坡植被防护技术

一、直接植草护坡

直接植草护坡是一种常用的土质边坡植被防护技术。该技术通过在边坡表面直接种植植物，利用植物的生长力和根系固定土壤，达到防止边坡土壤侵蚀和稳定的目的。

1. 边坡整理

首先对边坡进行整理，清除表面的杂物和杂草，使边坡表面保持平整。

2. 土壤改良

根据植物的生长需求，对边坡土壤进行改良，增加土壤的肥力和水分保持能力。

3. 草种选择与播种

选择适应性强、生长快速、根系发达的草种，如黑麦草、坡垒等。根据边坡的地理位置、气候条件等因素，选择适当的草种组合。

4. 灌溉与养护

在草种生长过程中，定期进行灌溉，确保草种生长所需的水分。同时，及时进行修剪、施肥等养护工作，促进草种生长。

直接植草护坡的优点在于施工简便、成本较低，适用的边坡类型较广泛。然而，这种方法也存在一定的局限性，如对边坡表面的平整度要求较高，草种生长受气候、土壤条件影响较大，防护效果可能受到一定程度的影响。

二、框架内植草护坡

框架内植草护坡是另一种土质边坡植被防护技术。该技术在边坡表面设置框架结构，内部填充种植土和草种，利用植物根系固定土壤，达到边坡防护的目的。

框架内植草护坡的具体操作步骤如下。

1. 设计框架结构

根据边坡的地理位置、坡度、防护要求等因素，设计合适的框架结构。框架结构可采用混凝土、金属等材料制作。

2. 填充种植土

在框架内填充优质种植土，为草种生长提供良好的土壤条件。

3. 草种选择与播种

根据边坡的地理位置、气候条件等因素，选择适当的草种组合。

4. 灌溉与养护

在草种生长过程中，定期进行灌溉，确保草种生长所需的水分。同时，及时进行修剪、施肥等养护工作，促进草种生长。

5. 防护设施

在植草过程中，可根据需要设置防护网、固定绳等防护设施，防止草皮滑动或被风吹散。

框架内植草护坡的优点在于对边坡表面的平整度要求较低，防护效果较好。缺点是施工相对复杂，成本较高，且框架结构可能对边坡的美观造成一定影响。

第四节　喷射混凝土防护技术

一、普通喷射混凝土防护

普通喷射混凝土防护是一种广泛应用于岩土工程中的边坡防护技术。该技术通过喷射混凝土，在岩石边坡表面形成一层坚固的保护层，以防止边坡受到冲刷、风化和侵蚀。

普通喷射混凝土防护的施工过程主要包括混凝土配制、喷射设备设置、喷射作业和养护等几个关键步骤。首先，根据工程需求和地质条件，确定合适的混凝土配合比，以确保混凝土具有优良的力学性能和耐久性。然后，在施工现场设置喷射设备，包括喷射机、输送管道和喷嘴等，以确保混凝土的均匀喷射和有效覆盖。接着，通过高压喷射的方式，将混凝土均匀地喷射到岩石边坡的表面，形成一层连续、致密的保护层。最后，进行养护处理，使混凝土充分硬化，确保性能稳定。

普通喷射混凝土防护的优点主要体现在以下几个方面。首先，施工方便快捷，可适应各种复杂地形和工程条件。其次，混凝土防护层具有良好的耐久性和抗冲刷性能，可有效延长边坡的使用寿命。最后，该技术还具有较好的经济效益和社会效益，可在一定程度上降低工程维护和环境治理成本。

然而，普通喷射混凝土防护也存在一些局限性和挑战。例如，在混凝土配制和施工过程中，需要严格控制水灰比、喷射厚度和养护条件等参数，以确保防护层的质量和性能。在一些极端环境条件下，如强降雨、地震等，普通喷射混凝土防护可能会受到破坏或失效，需要进一步加强研究和改进。

为了克服普通喷射混凝土防护的局限性，提高其防护效果和工程适应性，可以考虑从以下几个方面着手，进行改进和优化。首先，加强混凝土材料的研究和开发，探索新型的混凝土材料和添加剂，以提高混凝土的力学性能和耐久性。其次，改进喷射工艺和设备，提高混凝土的喷射质量和施工效率。最后，可以结合其他防护技术，如生物防护和柔性防护等，形成复合防护系统，以提高边坡的整体稳定性和安全性。

二、喷锚网防护

喷锚网防护作为一种先进的喷射混凝土防护技术，结合了喷射混凝土、锚杆和钢筋网的优点，为岩土工程提供了高效、可靠的边坡防护解决方案。该技术通过喷射混凝土形成防护层，结合锚杆和钢筋网加固，显著提高了边坡的稳定性和抗冲刷能力。

喷锚网防护技术的实施过程需要严谨的工艺控制和精心的施工操作。首先，工程师根据边坡的地质条件、形态特点和工程需求，进行细致的设计和分析，确定喷射混凝土的配合比、锚杆的布置方式和钢筋网的规格。然后，施工队伍对施工现场进行精确的测量和定位，确保防护层的准确施工。接着，采用高压喷射设备将混凝土均匀地喷射到边坡表面，形成一层均匀、密实的防护层。在喷射过程中，工程师需要密切关注混凝土的质量和喷射效果，确保防护层的质量和性能达到设计要求。

喷锚网防护技术的优点在于其综合性和适应性。喷射混凝土具有良好的抗冲刷性能和耐久性，能够有效抵御水流、风力和其他自然因素的侵蚀；锚杆的加固作用可以提高边坡的稳定性，防止边坡发生滑坡、崩塌等地质灾害；而钢筋网的加入则增强了防护层的抗拉强度和整体性，使其能够承受更大的外力和变形。

此外，喷锚网防护技术还具有较好的经济效益和社会效益。相比传统的边坡防护方法，喷锚网防护可以缩短施工周期，降低工程成本，还可以减少对环境的破坏。该技术可以与自然环境协调融合，保持良好的景观效果，提升工程的社会形象和使用价值。

然而，喷锚网防护技术也面临一些挑战和限制。例如，在复杂的地质条件和恶劣的施工环境下，施工难度和质量控制可能存在一定的困难。同时，该技术对施工队伍的专业素质和技能要求较高，需要经验丰富的工程师和技术人员进行指导和操作。

三、钢纤维喷射

钢纤维喷射混凝土防护技术，是近年来在岩土工程领域备受关注的一种创新型边坡防护方法。此技术融合了钢纤维增强材料和喷射混凝土工艺，显著提高了传统喷射混凝土防护结构的强度和韧性。

钢纤维的加入，使得混凝土在受到外部荷载或冲击力时，能够有效地吸收和分散能量，从而大大减少开裂和破损的可能性。这种增韧机制不仅增强了混凝土的抗拉、抗剪和抗冲击性能，而且提高了其耐久性和使用寿命。

在施工过程中，钢纤维与混凝土混合料的均匀分布是关键。工程师们需要确保钢纤维在混凝土中达到理想的分散状态，以充分发挥其增强作用。此外，钢纤维的类型、长度和掺量也需要根据具体的工程条件和设计需求进行优化选择。

与传统的喷射混凝土技术相比，钢纤维喷射混凝土防护技术具有多重优势。首先，由于钢纤维的增强效果，这种防护结构能够承受更大的变形和外部荷载，从而提高了边坡的稳定性和安全性。其次，钢纤维的加入增强了混凝土的韧性和抗裂性能，使其能够更好地抵抗冲刷、风化和其他环境因素的影响。最后，钢纤维喷射混凝土还具有较高的施工效率和适应性，能够适应各种复杂地形和工程条件。

然而，这种技术也存在一些挑战和限制。例如，钢纤维的成本相对较高，可能会增加工程的总成本。此外，在施工过程中需要严格控制混凝土的质量和钢纤维的分布，以确保防护结构的质量和性能达到设计要求。

四、造膜喷射

在岩土工程的边坡防护领域，技术的创新和进步是持续的。其中，造膜喷射混凝土防护技术，以其独特的防护机制和高效的施工方式，逐渐成为工程师们关注的焦点。

造膜喷射混凝土防护技术的核心在于"造膜"过程。简而言之，"造膜"就是在喷射混凝土的同时，利用特定材料或工艺在混凝土表面形成一层薄薄的防护膜。这层防护膜不仅增强了混凝土的耐久性，更提高了其抗冲刷、抗风化和抗侵蚀的能力。

这种技术的实施要求高度的专业性和精细的操作。工程师们必须精确地控制混凝土的成分、喷射的压力、造膜材料的类型和用量，以及施工环境的温度和湿度等多个变量。只有这样，才能确保防护膜的质量和性能达到最优。

该技术的优点在于：防护膜使混凝土表面的微观结构得到了优化，从而大大提高了其抗渗性和抗裂性。这意味着即使在极端的环境条件下，如强降雨或冻融循环，混凝土也能保持完整和稳定。由于防护膜的形成与混凝土喷射是同步进行的，这大大简化了施工流程，缩短了工程周期，提高了施工效率和经济效益。这种技术还可以减少后期的维护成本，因为它有效地延长了混凝土的使用寿命。从环境友好的角度来看，造膜喷射混凝土防护技术也具有积极意义。与传统的硬防护结构相比，这种技术更加灵活，能够更好地与自然环境相融合。它不仅可以减少对自然景观的破坏，还可以通过优化混凝土的配方和使用环保的造膜材料，降低工程对环境的影响。

当然，这种技术也面临一些挑战和限制。例如，在复杂的地质条件和恶劣的施工环境下，如何确保防护膜的质量和性能的稳定是一个亟待解决的问题。此外，对于这种新技术的长期性能和可持续性，也需要进一步研究和验证。

五、质量检验

在岩土工程领域，喷射混凝土防护技术被广泛应用以提高结构的稳定性和耐久性。然而，这项技术的成功实施不仅依赖于过硬的施工技术，更需要对质量进行严格的检验和控制，以确保工程的长期性能和安全性。

质量检验在喷射混凝土防护技术中扮演着至关重要的角色。它不仅是对施工质量的评估，更是对工程安全性和持久性的保障。通过质量检验，工程师们可以识别和纠正施工过程中的潜在问题，从而避免潜在的安全隐患和质量缺陷。

质量检验的过程应该系统化和标准化，应该包括对原材料的检测、混合比的设计、施工过程的监控以及成品的测试等多个环节。例如，对水泥、骨料和添加剂等原材料的质量进行检测，以确保其符合规定的标准和质量要求。同时，混合比的设计也需要根据工程的具体要求进行优化，以保证混凝土的性能和强度。

在施工过程中，工程师们需要密切关注喷射混凝土的厚度、均匀性和附着力等关键指标。这可以通过使用无损检测技术和现场实测等方法来实现。例如，超声波检测和声波检测等技术可以有效地评估混凝土的内部质量和结构的完整性。

成品的测试是对施工质量最终验证的环节。它包括对混凝土的抗压强度、抗渗性和耐久性等进行测试，以评估其是否符合设计要求和质量标准。这一过程需要严格遵循相关的测试标准和程序，以确保测试结果的准确性和可靠性。

除了以上的检验环节，质量控制也是确保工程质量的关键。这包括对施工过程的记录和文档管理、施工人员的培训和资格认证，以及设备和工艺的定期维护和校准等。通过建立完善的质量控制体系，工程师们可以确保施工质量的稳定性和一致性。

最后，值得一提的是，质量检验不仅需要工程师们的专业知识和经验，更需要他们的责任感和职业道德。作为工程质量的守护者，他们需要对每一个细节保持高度的警觉和严谨，以确保工程的安全性和持久性。

》》 第五节 冲刷防护技术

冲刷是自然界中常见的现象。对于岩石边坡而言，长期的冲刷不仅会导致其形态的改变，更可能造成失稳，进而引发各种地质灾害。因此，深入研究并应用冲刷防护技术，对于保障岩石边坡的稳定性和安全性具有重要意义。

岩石边坡冲刷防护技术的核心在于理解冲刷的机理。简单来说，冲刷是在水流或

岩土工程设计与工程安全研究

风等流体的摩擦和携带作用下，使固体表面颗粒移除。这种移除可能导致边坡表面的侵蚀，甚至进一步影响边坡的内部结构。因此，冲刷防护技术的首要任务就是防止或减少这种移除情况的发生。

传统的冲刷防护技术主要依赖于硬防护结构，如挡土墙、护坡等。这些结构通过物理阻挡的方式，减少流体对边坡的直接作用，从而达到防护效果。然而，硬防护结构可能存在一些局限性，例如在极端环境下可能失效，以及对环境的不友好性等。因此，现代冲刷防护技术的研究逐渐转向了更为环保和可持续的方向。

生物防护技术是一种新兴的冲刷防护手段。它利用植被的根系来固定土壤，防止冲刷的发生。与传统的硬防护结构相比，生物防护技术具有更好的环境适应性和景观效果。同时，植被的存在还可以通过吸收水分、减缓水流速度等方式，降低流体对边坡的冲刷作用。

除了生物防护技术外，材料科学的发展也为冲刷防护提供了新的可能。例如，一些新型的复合材料具有良好的抗冲刷性能，可以用于制造更为耐久和有效的防护结构。此外，一些新型的涂层材料可以通过改变边坡表面的粗糙度、湿润性等性质，降低流体对边坡的冲刷作用。

在实施冲刷防护技术时，还需要考虑到工程的经济性和可行性。这涉及防护结构的设计、材料的选择、施工的方式等多个方面。因此，冲刷防护技术的研究和实施通常需要跨学科的合作，包括土木工程、地质学、生态学、材料科学等。

122

第六章 岩土工程施工安全监测技术

>> 第一节 岩土工程施工安全监测技术概述

一、岩土工程施工安全监测基本原理

（一）监测方法分类

1. 地质监测

地质监测是岩土工程施工安全的关键环节，主要通过对地质条件进行实时监测，以确保施工过程中的安全和稳定。

地质勘探：通过钻孔、挖孔、竖井等方式，对地下地质条件进行直接观测。地质勘探可获取地下岩石性质、地质构造、水位等信息，为施工提供依据。

地质测绘：通过测绘技术，对地表及地下地质现象进行观测和记录。地质测绘方法包括遥感技术、测绘仪器、全球定位系统（GPS）等。

地质雷达：一种非破坏性监测技术，通过发射高频电磁波，检测地下地质体的分布和形态。地质雷达可用于检测地下空洞、溶洞、软弱夹层等不良地质现象。

地震勘探：一种利用地震波在地下传播的特性，探测地下地质结构的方法。地震勘探可分为反射地震、折射地震、地震成像等类型。

地下水监测：地下水是地质环境中重要的因素，对岩土工程施工安全具有重大影响。地下水监测方法包括水位监测、水质监测、水压监测等。

边坡稳定性监测：边坡稳定性是岩土工程施工安全的重要方面。通过对边坡的位移、裂缝、倾斜度等参数进行监测，判断边坡稳定性，预防滑坡、崩塌等事故。

地质灾害预警：一种对潜在地质灾害的预测和报警。地质灾害预警方法包括经验法、数值模拟法、概率评价法等。

2. 岩土力学监测

岩土力学监测主要针对岩土体内部的应力、应变、位移等力学参数进行实时监测，以确保施工过程中的安全和稳定。

应变监测：对岩土体内部的应变变化进行监测，以判断岩土体的受力状况。应变监测设备包括电阻应变计、光纤应变计等。

应力监测：对岩土体内部应力分布情况进行实时监测。应力监测设备包括电阻应变计、液压式应力计等。

位移监测：对岩土体位移变化进行实时监测。位移监测设备包括水平位移计、倾斜仪、测缝计等。

裂缝监测：对岩土体裂缝开展情况进行实时监测。裂缝监测方法包括视觉观察、超声波检测、红外热像仪等。

振动监测：对岩土体在施工过程中的振动情况进行监测。振动监测设备包括振动传感器、加速度计等。

温度监测：对岩土体内部温度变化进行实时监测。温度监测设备包括温度传感器、光纤传感器等。

锚固力监测：对锚杆、锚索等锚固体系受力情况进行实时监测。锚固力监测设备包括测力计、液压式锚固力计等。

3. 环境监测

环境监测是岩土工程施工安全的重要组成部分，主要对施工过程中产生的环境影响进行实时监测，以确保施工环境的安全和可持续发展。环境监测方法可分为以下几种。

大气污染监测：对施工过程中产生的有害气体、粉尘等污染物进行的实时监测。监测设备包括气体分析仪、颗粒物浓度仪等。

水质监测：对施工过程中对地表水、地下水的影响进行的实时监测。水质监测方法包括水质分析、生物监测等。

噪声监测：对施工过程中产生的噪声污染进行的实时监测。噪声监测设备包括声级计、频谱分析仪等。

土壤污染监测：对施工过程中对土壤环境的影响进行的实时监测。监测方法包括土壤采样、化学分析等。

生态监测：对施工过程中对生态环境的影响进行的实时监测。生态监测方法包括生物学监测、植物监测等。

气象监测：对施工过程中气象条件进行的实时监测。气象监测可利用气象站、自动气象站等进行。

地震监测：对施工过程中地震活动进行的实时监测。地震监测包括使用地震仪、地震预警系统等。

4. 基础设施监测

在岩土工程施工过程中，对基础设施的持续和准确监测是保障工程安全、预防潜在风险的关键环节。此过程涉及对多种设施和设备的深度检查与数据分析，以确保其处于良好的工作状态并满足工程的安全需求。

基础设施监测主要聚焦于支护结构、地下管线及周边环境等要素。例如，支护结构的稳定性直接关系到工程的整体安全，若出现变形或损坏，可能会导致严重的安全事故。因此，采用高精度的传感器和仪器，对其进行实时、持续的监测，是预防潜在风险的首要步骤。

地下管线作为工程的"生命线",其完整性和功能性同样至关重要。泄漏、堵塞或破损不仅影响工程的正常进行,还可能引发连锁的安全问题。故而,运用先进的探测技术对其进行检测和评估,确保其处于良好的工作状态,是保障工程安全的重要手段。

同时,周边环境的变化也可能对岩土工程的安全产生不可忽视的影响。因此,利用遥感技术和自动化监测系统,对周边环境的变形、位移、地下水位等进行实时监测,是预防和应对潜在风险的有效途径。

需要注意的是,基础设施监测并非孤立存在,而是与工程施工的各个环节紧密相连的。因此,确保监测数据的准确性和实时性,加强数据分析与应用,是提高工程安全性和效率的关键。

此外,技术的进步,使得大数据、人工智能等新技术在基础设施监测中的应用也逐渐普及。这不仅可以提高监测的效率和精度,更能为工程师提供更丰富的数据和更深入的洞察,以制订更为科学和有效的预防和应对措施。

(二)监测技术应用

1. 岩体稳定性监测

在岩土工程施工中,岩体稳定性的监测无疑是至关重要的一环。它不仅是工程安全性的重要保障,更是预防地质灾害、确保工程持久性的关键所在。

岩体稳定性监测的核心在于对岩体的变形、位移、裂隙发育等进行实时、高精度的观测和分析。这一过程中,现代传感器技术和数据分析手段发挥了至关重要的作用。例如,通过布置高精度的位移传感器和应变计,工程师们能够捕捉到岩体细微的变形信息,进而分析其稳定状态及发展趋势。

值得一提的是,岩体稳定性监测并非孤立存在,而是与多种环境因素紧密相连的。地下水的活动、地震活动、以及天气变化等都可能对岩体的稳定性产生深远影响。因此,在监测过程中,综合考虑这些环境因素,对其进行同步观测和分析,是确保监测结果准确性和全面性的关键。

同时,数据分析在岩体稳定性监测中占据了举足轻重的地位。通过对监测数据的深入挖掘和分析,工程师们能够识别出岩体变形的模式和趋势,进而预测其未来的行为。这不仅有助于提前预警和预防潜在的地质灾害,更能为工程设计和施工提供宝贵的参考信息。

然而,岩体稳定性监测也面临着一些挑战。复杂的地质条件、恶劣的施工环境以及传感器技术的局限性都可能影响到监测的准确性和有效性。因此,不断探索和创新,引入新的技术和方法,是持续推进岩体稳定性监测发展的关键所在。

2. 地下水位监测

在岩土工程施工安全监测的众多环节中,地下水位监测往往被视为一项关键任务。这不仅因为它对工程施工的安全和稳定性有着深远的影响,更在于它能为工程师提供大量有关地质环境和工程风险的信息。

地下水位的变化是多种因素的综合反映，包括降雨、地下水流、土壤渗透性以及人为因素等。因此，对其进行持续、准确的监测，有助于更深入地理解这些因素的动态变化，从而预测其对工程可能产生的影响。

在实施地下水位监测的过程中，选择合适的监测方法和设备至关重要。传统的观测井法与现代的自动监测仪器各有利弊，应根据具体工程条件和需求进行选择。此外，确定监测频率和数据分析方法也同样关键，它们直接影响对地下水位变化趋势的把握。

数据的解读同样是一项技术活。单纯的数字变化并不能直接反映工程的安危，需要结合工程背景、地质条件以及环境因素等进行综合判断。这也是为什么地下水位监测需要与其他监测手段相结合，形成一个综合性的监测系统。

不可忽视的是，地下水位监测不仅关乎施工阶段的安全，对于工程的长期稳定性和使用寿命也有着重要的指导意义。通过长期、持续的监测，可以了解地下水位的变化趋势，从而预测其对工程结构可能造成的长期影响。

然而，我们也要认识到地下水位监测的局限性和挑战。例如，在复杂的地质环境下，地下水的流动可能受到多种因素的影响，使得监测结果难以准确反映实际情况。此外，监测设备的准确性和可靠性也是需要考虑的问题。

3. 土体变形监测

在岩土工程施工过程中，土体变形是常见的现象，但过度的变形或者不稳定的变形趋势都可能对工程的安全性产生威胁。因此，土体变形监测成为施工安全监测的重要组成部分，对于预防和应对潜在风险具有重要意义。

土体变形监测主要通过各种传感器和仪器，对土体的位移、沉降、裂缝等进行实时、高精度的观测。其中，选择适合的监测技术和设备是关键。例如，使用全站仪、GPS 等设备进行地表位移监测，可以捕捉到毫米级的移动；而采用测斜仪和沉降计，则可以对土体的内部变形进行深入探测。

数据解读和分析同样占据核心地位。单纯的变形数据并不能直接反映土体的稳定状态，需要结合工程背景、地质条件、施工工况等进行综合判断。利用专业的数据分析软件和方法，工程师可以对变形数据进行深度挖掘，识别变形模式和趋势，预测可能的变形行为，从而为工程施工提供科学指导。

同时，与其他监测手段相结合也是提高土体变形监测效果的有效途径。例如，地下水位的变化、支护结构的应力状态等都与土体变形有着密切的关系。将这些数据与土体变形数据进行融合分析，可以更全面地评估工程的安全状态。

此外，环境因素的影响也不容忽视。降雨、温度变化等都可能引起土体的变形。因此，在监测过程中，对这些环境因素进行同步观测和分析，有助于更准确地理解土体的变形行为。

4. 施工影响监测

在岩土工程施工过程中，人类活动对施工区域及周边环境的影响是不容忽视的。施工影响监测，旨在实时跟踪、识别和评估施工活动对周围岩土体和环境的影响，从而指导工程的安全、高效进行。

考虑到施工环境的复杂性和多变性，施工影响监测的首要任务是确保选用合适的监测技术和仪器。地震检波器、激光扫描仪和无人机等先进技术被广泛应用于此领域，以实现自动化、高精度的数据采集。

与其他监测环节相似，施工影响监测同样强调数据的实时性和准确性。但对于施工影响而言，其更注重对突发事件的快速响应。例如，当施工导致周围土体出现开裂、塌陷或滑坡时，监测系统应迅速捕捉到这些变化，为决策者提供及时的信息。

此外，施工影响监测还需要与环境监测、地下水位监测等其他环节紧密结合。这是因为施工活动很可能引发地下水位的变化、土壤液化等一系列地质环境问题。只有综合考虑各种因素，才能更全面、准确地评估施工对周围环境的影响。

数据分析在施工影响监测中同样占据核心地位。通过对大量实时监测数据的深入挖掘和分析，工程师不仅可以了解施工活动的即时影响，还可以预测其长期效应，从而为工程设计和施工方案提供优化建议。

然而，施工影响监测也面临着诸多挑战。例如，复杂的施工环境可能影响到监测数据的准确性和可靠性；同时，如何选择合适的监测指标、确定监测频率也是一个需要不断探索的问题。

二、岩土工程施工安全监测主要内容

（一）监测项目选择

岩土工程施工安全监测的首个重要环节便是监测项目的选择。监测项目的选取直接影响到监测结果的准确性和施工安全性的评估。

1. 工程特点

根据岩土工程的具体特点，如工程规模、地质条件、工程进度等因素，确定相应的监测项目。例如，在复杂地质条件下，需要增加对地质灾害的监测项目，以确保施工安全。

2. 施工阶段

根据施工的不同阶段，选取相应的监测项目。例如，在基坑开挖阶段，应重点关注土体位移、地下水位、支撑系统受力等监测项目。

3. 风险评估

对施工过程中可能出现的隐患进行风险评估，针对评估结果，增加相应的监测项目。例如，在评估过程中发现边坡稳定性存在风险，应及时增加边坡位移、土体内部应力等监测项目。

4. 法规要求

根据国家相关法规和规范，确保监测项目的选取符合要求。在我国，《岩土工程监测技术规范》对监测项目的选取有明确的规定，施工方需要按照规定进行选择。

5. 经济合理性

在确保施工安全的前提下，应充分考虑监测项目的经济合理性，避免过度监测，造成人力、物力和财力的浪费。

6. 监测技术的成熟性

选择成熟、可靠的监测技术，以确保监测数据的准确性和可靠性。同时，针对新技术，应进行必要的试验性监测，为今后类似工程提供参考。

（二）监测方法与设备确定

在岩土工程施工安全监测中，监测方法的选取是另一个关键环节。合理的监测方法能够有效地获取施工过程中的关键数据，为施工安全提供有力保障。

1. 监测项目需求

应根据监测项目的需求，选择相应的监测方法与设备。例如，对于土体位移监测，可以选择使用全站仪、激光测距仪等设备；对于地下水位监测，可以选择使用水位计、流量计等设备。

2. 监测对象特性

针对监测对象的特性，选择合适的监测方法与设备。例如，对于土体内部的应力监测，可以选择使用钻孔应变计、土压力计等设备；对于边坡稳定性监测，可以选择使用测斜仪、锚索测力计等设备。

3. 监测环境考虑

根据监测环境的要求，选择适合的监测方法与设备。例如，在地下水位较高、土体湿度较大的情况下，应选用防水性能好的监测设备。

4. 技术成熟性与经济性

选择成熟、可靠且经济性较好的监测方法，在满足监测需求的前提下，降低监测成本，提高监测效率。

5. 数据处理与分析

针对监测方法所获取的数据，选择合适的数据处理和分析方法。例如，运用数理统计、数值模拟等方法对监测数据进行分析，为施工安全提供科学依据。

6. 监测方法对比与优化

在实际应用中，可以针对不同的监测方法进行对比试验，根据试验结果优化监测方法，以提高监测效果。

（三）监测数据采集与处理

在岩土工程施工安全监测中，数据的采集与处理是至关重要的环节。下面将详细介绍监测数据的采集方式、数据处理技术以及如何实现高效的数据传输与存储。

1. 监测数据采集

监测数据的采集主要依赖于各种传感器设备，如振弦传感器、倾斜仪、测缝计等。这些传感器在监测过程中可以实时采集岩土工程的相关数据，如位移、沉降、振动等。此外，随着科技的发展，智能监测仪器也逐渐应用于岩土工程监测中，如振弦采集仪、光纤传感仪等。这些智能仪器具有高精度、快速响应、易于安装和低成本等优点，能够在恶劣环境下正常工作，满足岩土工程施工安全监测的需求。

2. 监测数据处理技术

数据处理是监测工作中不可或缺的一环，主要包括数据预处理、数据融合和数据建模。

① 数据预处理：数据预处理主要包括滤波、去噪、标定等。滤波目的是消除监测数据中的随机噪声，常用的滤波方法有低通滤波、高通滤波、带通滤波等。去噪方法主要包括滑动平均法、卡尔曼滤波法等。标定是为了消除传感器自身特性和环境因素对监测数据的影响，提高数据的准确性。

② 数据融合：数据融合是将来自不同传感器或同一传感器不同频率的数据进行综合处理，以提高数据的可靠性和准确性。数据融合方法主要包括卡尔曼滤波、最小二乘法、神经网络等。

③ 数据建模：数据建模是为了揭示监测数据中的规律性，从而为工程安全评价提供依据。常用的数据建模方法有线性回归、指数回归、时间序列分析等。

3. 数据传输与存储

数据传输与存储是监测数据的后续处理环节，主要包括实时数据传输、历史数据存储和数据查询。

① 实时数据传输：实时数据传输指将监测现场的实时数据传输到监控中心。常用的数据传输方式有有线传输和无线传输。有线传输主要包括光纤、电缆等，具有传输速度快、抗干扰性强等优点。无线传输主要有蓝牙、Wi-Fi、LoRa 等，具有传输距离远、成本低等优点。

② 历史数据存储：历史数据存储是指将实时数据传输到监控中心后，将其存储在数据库中，以便日后分析和查询。常用的数据库有关系型数据库（如 MySQL、Oracle 等）和非关系型数据库（如 MongoDB、Redis 等）。

③ 数据查询：数据查询是指根据用户需求，从数据库中检索相关数据。数据查询方式有多种，如 SQL 查询、报表查询、图表查询等。

（四）监测结果分析与评价

随着科技进步和工程建设的复杂性增加，现代岩土工程施工安全监测已成为工程实践中不可或缺的一环。通过对监测数据的细致分析与评价，工程师可以更深入地了解施工过程中的潜在风险，从而采取相应措施以确保工程的安全性和稳定性。

1. 数据整合与初步分析

在进行详细的监测数据分析之前，首先需要对从各种传感器和设备收集到的原始数据进行整合，包括检查数据的完整性、准确性和一致性，以消除可能的误差和异常值。利用专业的数据处理软件和技术，工程师可以将这些离散的数据转化为有意义的信息，从而为后续分析提供基础。

2. 变形与稳定性分析

对于土体和岩体的变形数据，通常需要进行时程分析和空间分布分析。时程分析可以揭示变形的发展趋势和速率，而空间分布分析则可以展示变形在空间上的分布情况。此外，通过与其他监测数据（如地下水位、支护结构应力等）的联合分析，工程师可以更全面地评估工程的整体稳定性。

3. 风险评估与安全预警

基于上述分析结果，工程师可以进一步进行风险评估，包括对可能导致失稳或破坏的关键因素进行识别，并估算其发生的概率和可能造成的后果。设定合适的阈值和警报系统，可以实现实时的安全预警，从而在出现潜在风险时及时采取应对措施。

4. 环境影响与评价

施工活动往往不仅对工程本身构成风险，还可能对周围环境产生不良影响。因此，在监测结果分析中，还需要充分考虑施工对地下水、土壤和生态系统等的影响。通过综合评估施工活动对环境的短期和长期影响，工程师可以提出相应的环境保护和修复措施。

5. 优化设计与施工方案

监测数据的分析结果不仅可以用于风险评估和预警，还可以为工程设计和施工方案提供优化建议。例如，通过对土体变形和支护结构应力的实时监测，工程师可以根据实际情况调整支护结构的设计参数或改变施工顺序，以提高工程的安全性和经济性。

三、现代岩土工程施工安全监测技术

（一）自动化监测技术

1. 传感器应用

在现代岩土工程施工安全自动化监测技术中，传感器的应用起到了至关重要的作用。传感器是一种能够将物理量（如力、位移、压力、温度等）转换为可处理的信号的装置。在岩土工程中，传感器的使用可以帮助我们实时、准确地监测施工现场的各种物理变化，从而为施工安全提供有力保障。

首先，传感器的应用有助于实时监测岩土工程中的关键参数。例如，位移传感器可以实时监测岩体的位移变化，温度传感器可以监测岩体的温度变化，从而及时发现潜在的安全隐患。此外，压力传感器在监测地下水位变化方面也有显著优势，这对于预防地质灾害具有重要意义。

其次，传感器的应用可以提高监测数据的准确性。传统的人工监测方式受限于人的主观能动性和客观环境因素，如疲劳、视觉误差等，导致监测数据不够准确。而使用传感器可以实现24小时不间断的自动监测，减少了人为因素的干扰，提高了监测数据的准确性。

最后，传感器的应用还大大提高了岩土工程监测的效率。计算机系统可以将多个传感器的数据进行实时汇总和分析，迅速生成监测报告，为施工决策提供科学依据。这不仅减轻了监测人员的工作负担，而且提高了监测工作的效率。

2. 数据采集与处理系统

在现代岩土工程施工安全自动化监测技术中，数据采集与处理系统是另一个关键环节。数据采集与处理系统负责实时收集传感器的信号，并对这些信号进行处理、分析和存储，以便施工人员及时了解施工现场的实际情况。

采集与处理系统的主要组成部分包括数据采集器、数据传输设备和数据处理软件。数据采集器负责将传感器的模拟信号转换为数字信号，数据传输设备负责将数字信号传输至远程服务器，而数据处理软件则负责对收集到的数据进行分析和可视化。

首先，数据采集与处理系统可以实现实时监测。数据采集器可以实时采集传感器的信号，并通过数据传输设备实时传输至远程服务器。这使得施工人员能够随时了解施工现场的动态变化，为施工安全提供实时保障。

其次，数据采集与处理系统具有较高的数据处理能力。数据处理软件可以对收集到的数据进行统计、分析和预测，从而帮助施工人员更好地了解施工现场的实际情况。此外，数据处理软件还可以生成图表和报告，便于施工人员快速了解监测数据。

最后，数据采集与处理系统具有数据存储功能。远程服务器可以长期存储监测数据，便于施工人员在需要时进行查询和分析，为施工安全提供了有力的数据支持。

3. 远程监控技术

远程监控技术在现代岩土工程施工安全自动化监测中具有重要作用。远程监控技术通过将监测数据实时传输至远程服务器，实现对施工现场的实时监测和管理。这有助于提高施工安全水平，预防安全事故的发生。

首先，远程监控技术可以实现对施工现场的实时监测。应用传感器，可以实时收集施工现场的各种物理量数据，并通过数据传输设备将数据传输至远程服务器。

其次，远程监控技术具有较高的监控效率。计算机系统和网络技术可以实现对多个施工现场的实时监控，这大大提高了监控效率，减轻了监控人员的工作负担。

最后，远程监控技术有助于提高施工安全管理水平。通过实时监测数据，施工人员可以及时发现安全隐患，采取相应措施进行整改。同时，远程监控技术还可以为施工过程中的质量控制和进度管理提供数据支持，从而提高整体施工管理水平。

（二）数值模拟分析

1. 有限元分析

有限元分析作为现代岩土工程施工安全自动化监测的重要手段，通过对工程项目的结构特性、应力分布、变形状况等进行深入研究，为施工过程中的安全控制提供科学依据。下面将重点探讨有限元分析在岩土工程施工安全监测中的应用。

有限元分析在岩土工程结构分析中的应用：通过对岩土工程结构进行有限元建模，可以有效模拟结构在施工过程中的应力、应变、位移等变化情况。此外，利用有限元分析还可以对不同施工工况下的结构安全性进行评估，为施工方案的优化提供参考。

有限元分析在岩土工程稳定性分析中的应用：对岩土体的力学特性、地质条件、施工工艺等因素进行综合分析，可以评估岩土体在施工过程中的稳定性。此外，利用有限元分析还可以预测潜在的地质灾害风险，为施工安全提供预警。

有限元分析在岩土工程变形分析中的应用：对岩土体的变形特性、边界条件、加载方式等进行模拟，可以预测岩土体在施工过程中的变形趋势。这对于防止因变形过大导致的工程安全事故具有重要意义。

有限元分析在岩土工程渗流分析中的应用：对渗流场进行有限元建模，可以模拟岩土工程中的渗流特性，为防渗措施的制订提供依据。同时，利用有限元分析还可以评估施工过程中渗流对岩土体稳定性的影响，为施工安全提供保障。

有限元分析在岩土工程损伤分析中的应用：对损伤演化方程的建立和求解，可以评估岩土体在施工过程中的损伤程度。这对于施工过程中岩土体损伤的监测和控制具有重要意义。

2. 三维地质建模

三维地质建模作为现代岩土工程施工安全自动化监测的关键技术之一，通过对地质条件的还原和预测，为施工安全提供重要依据。下文将重点探讨三维地质建模在岩土工程施工安全中的应用。

三维地质建模在地质勘探中的应用：对地质勘探数据进行整理和处理，可以建立地质体的三维几何模型和物理模型。这对于了解地质条件、优化施工方案具有重要意义。同时，利用三维地质建模还可以为施工现场的实时监测提供数据支持。

三维地质建模在岩土工程稳定性分析中的应用：对地质体的力学特性、边界条件等进行模拟，可以评估岩土体在施工过程中的稳定性。此外，利用三维地质建模还可以预测潜在的地质灾害风险，为施工安全提供预警。

三维地质建模在岩土工程变形分析中的应用：对地质体的变形特性、边界条件、加载方式等进行模拟，可以预测地质体在施工过程中的变形趋势。这对于防止因变形过大导致的工程安全事故具有重要意义。

三维地质建模在岩土工程渗流分析中的应用：对渗流场的建立进行模拟，可以预测地质体中的渗流特性。这对于防渗措施的制订、施工过程中的渗流控制具有重要意义。

三维地质建模在岩土工程环境保护中的应用：通过对地质环境进行建模，可以评估施工过程中对地质环境的影响，为环境保护措施的制订提供依据。同时，利用三维地质建模还可以为施工现场的环境监测提供数据支持。

3. 风险评估与预测

风险评估与预测作为现代岩土工程施工安全自动化监测的核心环节，通过对施工过程中的潜在风险进行识别、评估和预测，为施工安全管理提供重要依据。下面将重点探讨风险评估与预测在岩土工程施工安全中的应用。

风险评估在岩土工程中的应用：对施工过程中的潜在风险进行识别、分析和评估，可以确定风险等级和优先级。这对于制定针对性的风险防范措施、保障施工安全具有重要意义。同时，风险评估的结果还可以为施工现场的实时监测提供数据支持。

风险预测在岩土工程中的应用：对施工过程中风险的发展趋势进行预测，可以为施工安全管理提供预警。此外，风险预测的结果还可以为应对突发事件的应急预案制定提供参考。

风险评估与预测在岩土工程安全性评价中的应用：对施工过程中的风险进行综合评估，可以评价工程的安全性。这对于评估工程的投资回报、优化施工方案具有重要意义。

≫ 第二节 施工安全监测准备工作

一、施工安全监测准备工作目的和意义

施工安全监测是工程施工过程中至关重要的一环，其主要目的是确保工程施工的安全性和稳定性。然而，要进行有效的施工安全监测，充分的准备工作是必不可少的。下面将详细探讨施工安全监测准备工作的目的和意义。

（一）施工安全监测准备工作目的

1. 确定监测对象与重点

在工程施工前，对工程地质条件、工程结构、施工工艺等因素进行综合分析，明确需要重点监测的对象和区域，以确保监测工作的针对性和实效性。

2. 选择合适的监测方法与技术

根据工程特点、监测需求及现有技术水平，选用适合的监测方法和技术。这不仅可以提高监测的准确性和效率，还能降低监测成本，为工程施工提供有力保障。

3. 制订详细的监测方案

在准备阶段，需要制订详细的监测方案，包括监测点的布置、监测频率、数据处理与分析方法等。这有助于确保监测工作的系统性、规范性和可操作性。

4. 建立有效的数据处理与分析体系

建立有效的数据处理与分析体系，对监测数据进行实时处理和分析，可以及时发现工程施工过程中的安全隐患和潜在风险，从而采取有效的预防和应对措施。

（二）施工安全监测准备工作意义

1. 提高工程施工的安全性

充分的准备工作可以确保监测工作的准确性和有效性，及时发现并处理施工过程中的安全问题，从而显著降低施工事故发生的概率，保障工程的安全进行。

2. 优化工程设计与施工方案

对监测数据进行深入挖掘和分析，可以对工程设计和施工方案进行有针对性的优

化，提高工程的经济性和可行性。

3. 预防地质灾害与环境影响

有效的施工安全监测可以及时发现并预警可能引发的地质灾害和环境问题，从而采取相应的预防和治理措施，保护生态环境和人民生命财产安全。

4. 促进工程建设的可持续发展

对施工过程进行实时监测和分析，可以推动工程建设的可持续发展，提高工程质量和效益，为社会的繁荣和发展作出贡献。

5. 提升工程管理水平与效率

施工安全监测准备工作需要多个部门和人员协同合作，这有助于提升工程管理的整体水平和效率，推动工程建设行业的持续发展。

二、施工安全监测准备工作内容

（一）审查施工单位提供专项方案

在施工安全监测准备工作中，审查施工单位提供的专项方案是至关重要的环节。专项方案主要包括施工组织设计、安全专项施工方案和安全技术交底等内容。

1. 审查施工组织设计

施工组织设计是施工过程中的重要依据，应确保其符合工程特点、现场条件和施工合同要求。审查时须关注施工进度、施工方法、资源配置等方面的合理性。此外，还须关注施工组织设计中的安全措施是否到位，是否能确保施工现场的安全。

2. 审查安全专项施工方案

针对危险性较大的分部分项工程，施工单位须编制安全专项施工方案。审查时应关注方案是否符合国家相关法规和标准，如《建设工程安全生产管理条例》和《建筑施工安全检查标准》（JGJ59—2011）等。同时，要确保方案中的安全措施切实可行，能有效预防事故发生。

3. 审查安全技术交底

安全技术交底是施工过程中的一项重要环节，审查时应确保交底内容完整、准确、清晰，便于现场施工人员了解和执行。此外，还须关注安全技术交底中的责任划分是否明确，以确保各相关人员明确职责，共同维护施工现场的安全。

4. 评估专项方案的实施条件

审查过程中，须对施工单位的实际施工能力、现场条件等进行全面评估。确保施工单位具备实施专项方案的能力，现场条件能满足施工要求。对于实施过程中可能出现的困难，应提前预测并制订相应处理措施。

5. 审查专项方案的动态调整

在施工过程中，如遇实际情况与专项方案不符，施工单位应及时调整方案。审查时，要关注施工单位是否具备灵活调整方案的能力，以及调整后的方案是否仍能确保施工现场的安全。

6. 审查施工单位的安全管理能力

通过审查专项方案，评估施工单位的安全管理水平，关注施工单位是否具备完善的安全管理体系、安全管理队伍以及安全培训制度等。

（二）督促施工承包单位建立、健全施工现场安全生产保障体系

1. 组织结构保障

施工承包单位应建立健全安全生产组织结构，明确各级安全管理人员的职责，形成从上到下的安全管理体系。审查时，须关注安全生产组织结构的完整性、合理性以及各级管理人员的安全责任心。

2. 安全生产制度建设

施工承包单位应制定完善的安全生产规章制度，包括安全生产责任制、安全生产培训教育制度、安全生产检查制度等。审查时，要关注各项制度的可操作性、执行力度以及实际效果。

3. 安全生产投入保障

施工承包单位应确保安全生产投入到位，为施工现场提供必要的安全生产条件。审查时，须关注安全生产投入的合理性、充足性和有效性。

4. 施工现场安全管理

施工承包单位应加强施工现场的安全管理，确保施工现场安全、有序地进行。审查时，要关注施工现场的安全设施、安全防护措施、事故应急预案等。

5. 事故应急预案

施工承包单位应制定事故应急预案，确保在突发事件发生时能迅速、有序地应对。审查时，须关注事故应急预案的完整性、合理性和可操作性。

6. 安全生产检查与整改

施工承包单位应定期开展安全生产检查，及时发现并整改安全隐患。审查时，要关注安全生产检查的频率、整改措施的落实情况以及整改效果。

（三）审查施工组织设计中的安全技术措施、专项施工方案

该环节的工作主要是对施工单位提供的施工组织设计和专项施工方案进行深入的审查，以确保其符合安全标准和规定。

首先，需要了解施工组织设计的基本内容。施工组织设计是施工单位根据工程项目的特点、工程量、工程进度、施工现场环境等因素，对施工过程中的人力、物力、财力、时间、空间等进行全面规划和组织的文件。其中，安全技术措施是施工组织设计的重要组成部分，主要包括施工现场的安全管理、安全防护、应急预案等内容。

在审查施工组织设计中的安全技术措施时，需要关注以下几个方面：① 施工单位是否对施工现场进行了全面分析，并制定了相应的安全措施；② 安全措施是否具有可行性，能否在实际施工中得到有效执行；③ 安全措施是否符合相关法律法规和

行业标准；④ 安全措施是否充分考虑了施工现场的环境、工程特点和施工风险等因素。

接下来是审查专项施工方案。专项施工方案是针对工程项目中某一特定施工环节或工艺而制定的详细施工方案。在审查专项施工方案时，需要重点关注以下几个方面：① 施工单位是否对施工环节进行了详细的分析，并制定了合理的施工工艺和步骤；② 施工方案中的安全措施是否具体、明确，能否有效预防安全事故的发生；③ 施工方案是否考虑了施工现场的实际情况，如地形、地质、气候等因素；④ 施工方案是否与施工组织设计中的安全技术措施相协调，形成一个完整的安全管理体系。

（四）审核施工单位负责人、项目负责人和专职安全生产管理人员的资格证，审查特殊作业人员

在施工安全监测的准备工作中，审核施工单位负责人、项目负责人和专职安全生产管理人员的资格证，以及对特殊作业人员进行审查，是确保施工现场安全的关键步骤。

首先需要明确的是，施工单位负责人、项目负责人和专职安全生产管理人员是施工现场安全管理的责任人，具备相关的资格证书，是他们在施工现场履行职责的必要条件。因此，审核他们的资格证书，是确保施工现场安全的第一道防线。

在审核资格证书时，我们需要关注以下几个方面：① 证书的真实性，是否为合法有效的证书；② 证书的持有者是否具备相应的安全生产知识和管理能力；③ 证书的持有者是否熟悉相关法律法规和施工现场的实际情况。

其次，特殊作业人员，如电工、焊工、架子工等，他们的工作直接关系到施工现场的安全。因此，对他们的从业资格进行审查，也是保障施工现场安全的重要环节。

在审查特殊作业人员的从业资格时，我们需要关注以下几个方面：① 是否具备相应的专业技能和操作能力；② 是否熟悉相关的安全操作规程；③ 是否具备相应的安全意识，能够自觉遵守安全规定；④ 是否定期接受安全培训，是否有较高的安全素养。

（五）审查总包、专业分包和劳务分包单位的安全生产许可证、资质

在施工安全监测的准备工作中，审查总包、专业分包和劳务分包单位的安全生产许可证、资质，是确保施工安全的重要环节。

首先需要明确的是，总包、专业分包和劳务分包单位在施工现场的安全管理中起着至关重要的作用。他们的安全生产许可证、资质，是他们在施工现场从事相关活动的法定凭证。因此，审查他们的许可证、资质，是确保施工现场安全的重要手段。

在审查许可证、资质时，我们需要关注以下几个方面：① 许可证、资质的真实性，是否为合法有效的证书；② 许可证、资质的持有单位是否具备相应的安全生产能力和管理能力；③ 许可证、资质的持有单位是否熟悉相关法律法规和施工现场的实际情况；④ 许可证、资质的持有单位是否具备相应的专业技能和操作能力。

此外，还需要关注总包、专业分包和劳务分包单位的安全管理制度和措施。这些制度和措施是否健全，是否能够在实际施工中得到有效执行，也是审查的重要内容。

三、施工安全监测准备工作实施与要求

（一）明确施工安全监测目标和任务

在进行施工安全监测之前，首先需要明确监测的目标和任务。施工安全监测的目标是确保施工过程中的安全，及时发现潜在的安全隐患，防止事故发生，保障人员的生命安全和财产不受损失。而监测任务则包括对施工现场的安全环境、工程结构、施工过程等进行全面、细致的观察和记录，以便为施工安全管理提供有效的数据支持。

（1）了解施工项目的具体情况，包括工程规模、施工难度、工程进度等，以便确定监测的重点和范围。

（2）分析施工过程中可能出现的安全隐患，如高空作业、地下施工、大型设备运行等，并针对这些隐患制订相应的监测措施。

（3）确定监测频率，根据施工进度和安全状况，合理安排监测时间，确保监测工作的连续性和实时性。

（4）制定监测数据分析和处理方法，对监测数据进行及时、准确的分析和判断，为施工安全管理提供科学依据。

（5）加强与施工方、监理方、甲方等各方的沟通与协作，确保监测工作的顺利进行。

（二）制订施工安全监测工作计划和流程

在明确施工安全监测目标和任务的基础上，需要制订详细的工作计划和流程。具体包括以下几个步骤。

1. 编制监测方案

根据施工项目的安全特点和监测需求，编制监测方案，明确监测项目、监测方法、监测设备、监测人员等内容。

2. 审核监测方案

将编制好的监测方案提交给相关部门进行审核，确保方案的合理性和可行性。

3. 采购监测设备

根据监测方案，采购相应的监测设备，如传感器、测量仪器等。

4. 布置监测点

根据监测方案，在施工现场布置监测点，确保监测数据的准确性和完整性。

5. 开展监测工作

在施工过程中，按照监测方案和流程进行监测，确保实时掌握施工现场的安全状况。

6. 记录监测数据

将监测过程中获得的数据进行记录，为后续的数据分析和处理提供依据。

7. 数据分析与判断

对监测数据进行整理、分析和判断，及时发现施工过程中的安全隐患和问题，为施工安全管理提供支持。

8. 编制监测报告

将监测数据和分析结果整理成报告，提交给相关部门和人员，为施工安全管理提供参考。

9. 监测工作总结

在监测工作结束后，对整个过程进行总结，为今后类似项目的施工安全监测提供借鉴。

（三）召开施工安全监测准备会议，确保相关人员了解和履行职责

在施工安全监测准备工作中，召开专门的安全监测准备会议至关重要。会议的目的是确保项目管理人员、施工人员、监测人员等相关人员对施工安全监测准备工作有充分了解，并明确各自的职责。以下是召开施工安全监测准备会议的具体内容。

1. 会议组织

由项目负责人或安全管理负责人主持，邀请项目管理人员、施工人员、监测人员等相关人员参加。

2. 会议内容

① 传达施工安全监测的重要性和必要性，提高与会人员对施工安全监测工作的认识。

② 解读施工安全监测方案，包括监测目标、监测内容、监测方法、监测周期等。

③ 分析项目特点及存在的安全风险，讨论监测过程中可能出现的问题及应对措施。

④ 明确各人员的职责：项目管理人员负责监督施工安全监测工作的实施；施工人员负责配合监测工作，确保监测数据的准确性；监测人员负责实施监测方案，及时发现问题并提出整改措施。

⑤ 提出施工安全监测工作的具体要求，包括施工现场的安全管理、监测设备的维护保养、监测数据的记录与报告等。

⑥ 就会议内容进行讨论并记录，确保与会人员在施工安全监测准备工作上达成共识。

3. 会议结束后，及时整理会议纪要，并将相关资料分发给与会人员，以便相关人员依据会议内容和要求开展施工安全监测工作。

（四）对施工安全监测准备工作进行现场巡查，确保各项措施落实到位

为确保施工安全监测准备工作的顺利进行，项目管理人员应定期对施工现场进行巡查，检查各项安全监测措施是否落实到位。以下是现场巡查的主要内容。

（1）巡查施工现场的安全设施和监测设备，确保其完好、齐全。

（2）检查施工现场的安全管理情况，关注施工人员的安全行为，对不安全行为及时进行纠正。

（3）关注施工现场的卫生和环境保护措施，确保施工过程不对环境造成污染。

（4）了解监测人员的岗位职责和工作内容，督促其严格按照监测方案进行操作。

（5）检查施工现场的消防设施和消防通道，确保消防设施正常使用，通道畅通无阻。

（6）巡查施工现场的临时用电、用水、用气等设施，确保其安全可靠。

（7）关注施工现场的应急救援物资和人员，确保应急救援机制健全。

通过现场巡查，项目管理人员可及时发现安全隐患和问题，采取有效措施进行整改，确保施工安全监测准备工作到位。

（五）建立施工安全监测资料档案，便于实时查阅和管理

为便于实时查阅和管理施工安全监测资料，项目管理人员应建立完善的施工安全监测资料档案。

（1）收集和整理施工安全监测方案、监测合同、监测报告等文件资料。

（2）对施工安全监测过程中的各类数据进行分类整理，包括原始数据、分析数据、监测报告等。

（3）建立施工安全监测资料目录，对各类资料进行编号，便于查找。

（4）利用计算机软件对施工安全监测资料进行管理，实现数据的快速检索和分析。

（5）定期对施工安全监测资料进行更新，确保资料的实时性和准确性。

（6）设置专门的档案柜或文件夹，存放施工安全监测资料，便于项目管理人员、监测人员等查阅。

建立施工安全监测资料档案，有利于项目管理人员对施工安全监测工作进行全面了解和掌握。这既为项目安全管理提供有力支持，也有助于提高施工安全监测工作的透明度和规范化水平，确保项目施工安全。

❯❯ 第三节　施工安全监测过程与方法

一、施工安全监测的一般过程

（一）前期调研与策划

施工安全监测的前期调研与策划是确保监测工作顺利进行的关键。利用前期调研与策划，可以充分了解工程项目的具体情况，包括项目的特点、施工条件、环境因素

等，从而制订出科学合理的监测方案。

1. 工程项目特点分析

在前期调研中，首先需要对工程项目的特点进行分析，包括项目的规模、结构形式、施工工艺、施工周期等方面。对项目特点进行分析，可以初步了解施工安全监测的难点和重点，为制订监测方案提供依据。

2. 施工条件调查

施工条件的调查主要包括施工现场的地质条件、气候条件、交通条件等。这些条件对施工安全监测设备的选型、监测方法的确定以及监测数据的分析都有重要影响。例如，地质条件会影响监测设备的稳定性，气候条件会影响监测工作的进度和准确性，交通条件则会制约监测设备的运输和安装。

3. 环境因素评估

在施工安全监测前期，还需要对环境因素进行评估，包括施工现场周围的环境、施工过程中可能产生的环境影响等。环境因素的评估有助于确定监测点的位置，避免监测设备受到外部环境的影响，从而确保监测数据的准确性。

4. 法律法规及标准调研

为了确保施工安全监测的合法性和规范性，必须对相关的法律法规和标准进行调研。这包括国家法律法规、行业标准、地方性规定等。调研内容包括施工安全监测的资质要求、监测方法的规定、监测数据的管理和报告要求等。

5. 前期策划

在前期调研的基础上，进行施工安全监测的策划，主要包括监测目标的确定、监测范围的划分、监测设备的选型和布置、监测方法的选取、监测数据的处理和分析等。此外，还需要制订监测工作的进度计划、质量保证措施和安全防护措施等。

（二）制订监测方案

制订施工安全监测方案是确保监测工作有序、高效进行的关键。在制订监测方案时，需要充分考虑前期调研的结果，结合工程项目的具体特点，制订出科学、合理、可行的监测方案。

1. 监测目标与范围

根据前期调研的分析结果，明确施工安全监测的目标和范围。监测目标主要包括施工过程中可能出现的安全隐患、施工过程中需要控制的关键参数等。监测范围则包括施工现场的整体布局、施工过程中的各个环节等。

2. 监测设备选型与布置

根据监测目标和范围，选择适合的监测设备。监测设备的选择需要考虑设备的性能、精度、稳定性等因素，以确保监测数据的准确性和可靠性。同时，合理布置监测设备，使其能够覆盖监测范围的所有关键部位，确保监测的全面性。

3. 监测方法

根据工程项目的特点和监测目标,选择合适的监测方法。监测方法的选择需要考虑方法的准确性、可行性、稳定性、经济性等因素。常见的监测方法包括视觉观察、仪器测量、无损检测等。

4. 监测数据处理与分析

根据工程项目的特点和监测目标制订监测数据的处理和分析方法。监测数据处理主要包括数据采集、数据整理、数据校验等。监测数据分析主要包括数据趋势分析、异常数据分析、安全评价等。通过数据处理和分析,及时发现施工过程中的安全隐患,为施工安全管理提供依据。

5. 监测进度计划

制订监测工作的进度计划,包括监测任务的安排、监测周期的设定、监测数据的报送等。监测进度计划的制订要充分考虑施工进度、监测设备的使用寿命等因素,确保监测工作与施工进度相适应。

6. 质量保证与安全管理

制订施工安全监测的质量保证措施和安全防护措施。质量保证措施主要包括监测设备的检定、监测数据的复核、监测报告的审核等。安全防护措施主要包括监测设备的安全使用、监测现场的安全管理、监测数据的应急处理等。

(三)监测设备选型与布置

监测设备的选型与布置是施工安全监测过程中至关重要的一环。选型主要包括监测设备的类型、规格、性能等方面,而布置则涉及设备在监测断面的位置、密度、方向等。下面将详细分析监测设备的选型与布置过程,以保证监测数据的准确性和有效性。

1. 监测设备选型

监测设备的选型主要依据监测项目的特点、监测目的、监测范围、施工条件等因素进行。常用的监测设备有位移计、测斜仪、应变计、压力计、加速度计、摄像头等。以下为几种常用监测设备的选型原则。

① 位移计:位移计主要用于监测建筑物、桥梁、边坡等结构物的位移变化。选型时应根据监测对象的特点选择合适的位移计,如光电式位移计、电容式位移计等。

② 测斜仪:测斜仪主要用于监测土体或岩体的倾斜程度。选型时应考虑测斜仪的精度、量程、适用条件等因素。

③ 应变计:应变计主要用于监测结构物的应力变化。选型时应根据监测对象的材质、应力状态、尺寸等因素选择合适的应变计,如电阻应变计、光纤应变计等。

④ 压力计:压力计主要用于监测结构物承受的压力变化。选型时应考虑压力计的量程、精度、适用条件等因素。

⑤ 加速度计:加速度计主要用于监测结构物的振动特性。选型时应根据监测对象的特点选择合适的加速度计,如惯性式加速度计、电容式加速度计等。

2. 监测设备的布置

① 均匀性：监测设备的布置应保证在监测范围内具有较好的均匀性，以便全面掌握施工现场的安全状况。

② 代表性：监测设备的布置应具有代表性，能够反映施工现场的安全状况。例如，在边坡监测中，应选择具有代表性的监测断面进行布置。

③ 可行性：监测设备的布置应考虑施工现场的实际情况，确保设备的安装、维护和数据采集的顺利进行。

④ 经济性：在保证监测效果的前提下，尽量选择性价比高的设备，以降低监测成本。

⑤ 可扩展性：监测设备的布置应具有一定的可扩展性，以便在监测过程中根据实际情况进行调整。

（四）监测数据采集与处理

监测数据的采集与处理是施工安全监测过程中的核心任务。数据采集是指通过监测设备获取施工现场的各种数据，而数据处理则是对采集到的原始数据进行分析和处理，以便得出施工安全状况的评估结果。下面将详细分析监测数据的采集与处理过程，以保证监测结果的准确性和可靠性。

1. 监测数据采集

监测数据的采集应严格按照监测方案进行，确保数据的准确性和完整性。以下为监测数据采集的主要步骤。

① 设备调试：在数据采集前，应对监测设备进行调试，确保设备工作正常。

② 数据采集：根据监测项目和监测频率，通过监测设备采集相应的数据。在数据采集过程中，应确保数据的实时性和准确性。

③ 数据传输：将采集到的数据实时传输至数据处理系统，以保证数据的及时性和可靠性。

2. 监测数据处理

监测数据的处理主要包括数据预处理、数据分析、数据可视化等方面。以下为监测数据处理的主要步骤。

① 数据预处理：对原始数据进行清洗，剔除异常值、缺失值等，以保证数据质量。

② 数据分析：采用合适的分析方法对数据进行深入研究，如趋势分析、稳定性分析、异常分析等。

③ 数据可视化：将分析结果以图表等形式展示，便于相关人员了解施工现场的安全状况。

（五）监测结果分析与评估

施工安全监测的结果分析与评估是监测工作的重要组成部分，它直接影响着施工安全管理的有效性。

数据分析。监测数据收集完毕后，监测人员须对数据进行初步整理，消除异常值和错误数据，保证数据分析的准确性。数据趋势分析主要是观察一段时间内数据的变化趋势，以便掌握施工安全状况的发展方向。数据对比分析则是将本次监测数据与历史数据进行对比，分析施工安全状况的变化。异常数据分析是对异常数据进行专门分析，找出异常原因，以便采取针对性的措施进行整改。

风险评估。根据监测数据和分析结果，对施工安全隐患进行风险评估。风险评估主要包括以下几个方面：风险识别、风险量化、风险评价和风险控制。风险识别是对监测到的安全隐患进行分类，明确风险类型。风险量化是对各种风险进行数值化，以便于比较和评价。风险评价是根据风险量和风险等级进行评价，确定风险的优先级。风险控制是根据风险评价结果，制订相应的风险控制措施，降低施工安全风险。

监测结果的反馈。将监测结果、数据分析、风险评估和控制措施反馈给施工现场和相关管理人员。这一过程旨在提高施工现场安全管理水平，确保施工安全。反馈内容包括：监测报告、数据分析报告、风险评估报告和整改建议。

（六）监测报告撰写与提交

监测报告是施工安全监测工作的总结和成果展示，撰写监测报告是监测人员的职责。

监测报告的撰写。监测报告应包括以下几个部分：项目背景、监测目的、监测方法、监测结果、数据分析、风险评估、整改建议和结论。项目背景和监测目的是使读者了解项目的背景信息和监测目的。监测方法是介绍监测过程中所采用的方法和技术。监测结果是详细描述监测数据和结果。数据分析是对监测数据进行深入分析，找出施工安全隐患。风险评估是对安全隐患进行风险评估，确定风险等级和控制措施。整改建议是根据风险评估结果，提出针对性的整改措施。结论是对整个监测过程进行总结，概括监测成果。

监测报告的审核。监测报告撰写完成后，须提交给上级部门或专业人员进行审核。审核人员应对报告的内容、数据、分析方法和结论进行严格审查，确保报告的准确性和可靠性。审核通过后的报告方可发布。

监测报告的提交和归档。监测报告审核通过后，提交给施工现场和相关管理人员。提交时，须注意报告的版本、日期和数量等细节。将监测报告归档，便于日后查询和管理。归档时，应确保报告的分类、存储和检索满足相关要求。

撰写和提交监测报告是施工安全监测工作的重要环节。监测人员撰写报告，总结和展示监测成果，为施工现场提供安全管理依据，以提高施工现场的安全管理水平，确保施工过程的安全。

二、常见施工安全监测方法详解

施工安全监测是确保工程顺利进行的关键环节，对施工现场的安全状况进行实时监测，可以有效预防和减少安全事故的发生。物理监测法、化学监测法和生物监测法是施工安全监测中的重要方法，下文将重点介绍这三种监测方法。

（一）物理监测法

1. 仪器监测

仪器监测是通过安装在施工现场的各种传感器和监测设备，实时采集并分析施工现场的物理量数据的一种监测办法，如通过监测温度、湿度、噪声、振动等，以判断施工现场的安全状况。以下为仪器监测的具体内容。

（1）自动化监测系统。自动化监测系统是通过计算机程序和硬件设备实现对施工现场的实时监测。该系统可以对多种物理量进行监测，如位移、沉降、倾斜、裂缝、应力等。自动化监测系统具有数据采集速度快、精度高、自动报警等特点，能够及时发现施工现场的安全隐患，为施工现场安全管理提供有力保障。

（2）传感器应用。传感器是将物理量转换为电信号的装置，是仪器监测的核心部分。在施工现场，常用的传感器有位移传感器、压力传感器、温度传感器、湿度传感器、气体传感器等。传感器安装在施工现场后，可以实时采集相关物理量数据，并通过数据传输设备将数据发送至监控中心。

（3）数据分析和处理。施工过程中的物理量数据需要经过专业软件进行分析和处理，以判断施工现场的安全状况。数据处理过程中，可以预设安全阈值，当实测数据超过安全阈值时，系统会自动发出警报，提醒相关人员采取措施。

2. 人工巡查

巡查是施工现场安全监测的重要手段。通过对施工现场进行定期、全面的巡查，可以及时发现安全隐患，保障施工现场的安全。

（1）巡查内容。人工巡查主要包括以下内容：施工现场环境、施工设备、施工材料、施工人员安全行为、施工现场安全设施等。巡查人员需要对施工现场的各个方面进行细致检查，确保施工现场的安全。

（2）巡查频率。巡查频率应根据施工现场的具体情况确定，一般情况下，每日至少进行一次全面巡查。对于高空作业、危险性较大的施工现场，应适当增加巡查次数。

（3）巡查记录。巡查过程中，巡查人员需要做好巡查记录，并将巡查情况及时报告给施工现场负责人。对于发现的安全隐患，应制订整改措施，并督促整改。巡查记录应保存至少一年，以备查阅。

（二）化学监测法

1. 气体监测

（1）气体监测方法。

① 气体分析仪法：气体分析仪法是利用气体分析仪器对施工现场的气体成分进

行分析。常见的气体分析仪器有红外线气体分析仪、热导气体分析仪等。在实际应用中，应根据气体成分的不同，选择合适的气体分析仪器进行监测。

② 气体传感器法：气体传感器法是通过气体传感器检测气体浓度。气体传感器是将气体浓度转换为电信号的装置，浓度越高，电信号越强。常见的气体传感器有电化学传感器、半导体传感器等。应根据监测气体种类的不同，选择合适的气体传感器进行监测。

③ 气体采样法：气体采样法是通过采集施工现场的气体样品，将其送至实验室进行分析。采样方法有主动采样和被动采样两种。主动采样是通过泵吸装置将气体样品吸入采样袋；被动采样则是利用气体扩散原理，使气体样品自然扩散进入采样袋。

（2）气体监测技术。

① 泄漏检测技术：泄漏检测技术主要用于检测管道、容器等设备中的气体泄漏。常见的泄漏检测方法有红外线泄漏检测、超声波泄漏检测、磁感应泄漏检测等。

② 气体浓度控制技术：气体浓度控制技术是通过调节气体流量、通风等手段，确保施工现场气体浓度在安全范围内。常见的气体浓度控制方法有通风控制、气体回收利用等。

③ 气体监测系统：气体监测系统是将气体监测设备与计算机技术相结合的系统，通过实时采集、处理、分析气体数据，实现对施工现场气体浓度的实时监控。常见的气体监测系统有在线监测系统、便携式监测系统等。

（3）气体监测在施工安全中的应用。

① 预防爆炸事故：在易燃易爆场所，利用气体监测可以实时检测气体浓度，预防爆炸事故的发生。

② 防止中毒事故：在有毒气体泄漏的施工现场，利用气体监测可以及时发现有毒气体浓度异常，采取措施降低中毒风险。

③ 保障通风安全：在地下工程、密闭空间等场所，通过气体监测可以确保通风系统的正常运行，保障施工人员的安全。

④ 预警灾害：在自然灾害、事故灾害等突发事件中，气体监测可以提前预警潜在的危险，为灾害应对提供参考。

2. 水质监测

在施工安全监测中，水质监测同样是不可或缺的一环。化学监测法通过对施工现场的水质进行实时监测，确保施工过程中的水资源安全。

（1）水质监测方法。

① 物理方法：物理方法是通过测量水质中的物理参数，如 pH 值、溶解氧、浑浊度等，判断水质状况，常见的方法有电化学法、光学法等。

② 化学方法：化学方法是通过测定水质中的化学成分，如有害物质、营养物质等，评估水质安全性，常见的方法有滴定法、分光光度法等。

③ 生物方法：生物方法是通过观察水质中的生物群落、生物毒性等，判断水质

生态状况，常见的方法有生物学监测法、生物毒性试验等。

（2）水质自动监测技术。

① 水质自动监测技术：水质自动监测技术是通过自动化设备对水质进行实时监测。常见的自动监测设备有水质在线监测仪、水质采样器等。

② 遥感技术：遥感技术是通过卫星、无人机等平台对水质进行远程监测。遥感技术具有覆盖范围广、监测速度快等优点。

③ 实验室分析技术：实验室分析技术是将采集到的水样送至实验室进行详细分析。实验室分析技术具有分析精度高、数据可靠的优点。

（3）水质监测在施工安全中的应用。

① 保障用水安全：通过对施工现场的生活用水、施工用水等进行水质监测，确保水质达标，防止因水质问题导致的施工人员生病或工程质量问题。

② 监测污染源：对施工现场周边的水体进行监测，及时发现污染源，采取措施减少污染物对水质的影响。

③ 环保验收：在施工结束后，对施工现场的水体进行监测，评估施工对周边水环境的影响，为环保验收提供依据。

（三）生物监测法

1. 生态监测

生态监测是生物监测法的一个重要组成部分，其主要目的是通过对生态环境中的生物个体、种群和生态系统进行观察和分析，以评估施工安全对周围生态环境的影响。生态监测有助于了解施工活动对生态环境的扰动程度，以及生物群落对污染物的响应过程，从而为环境保护和生态修复提供科学依据。生态监测方法主要包括以下几个方面。

（1）生物指示器法：生物指示器用于反映环境质量的生物个体或生物群落，通过观察生物指示器的生理、生态特征变化，可以判断施工活动对生态环境的影响。例如，对 NO_2 污染敏感的指示植物有紫花苜蓿、白杨、腊梅和向日葵等。

（2）生物采样法：生物采样法是通过收集生物组织、生物体或生物体内的污染物，来评估施工安全对生态环境的影响。例如，利用鱼类、底栖动物、鸟类等生物采样，分析其体内污染物含量，从而判断水域污染程度。

（3）生态调查法：生态调查法是对施工区域及其周边的生物群落、物种多样性、生态系统功能等进行系统的调查和研究，来评估施工活动对生态环境的影响，并为生态环境保护提供依据。

（4）遥感技术：遥感技术是一种非接触式的监测方法，利用卫星、飞机等载体对施工区域及其周边的生态环境进行实时监测。遥感技术在生态监测中的应用主要包括植被指数、水文参数、土壤侵蚀等。

（5）模型模拟法：模型模拟法是通过建立生物学、生态学等数学模型，模拟施工活动对生态环境的影响。模型模拟法有助于预测施工安全对生物群落和生态系统的影响，为生态修复和环境保护提供理论依据。

2. 人体健康监测

人体健康监测是生物监测法的另一个重要组成部分，通过对人体生理、生化指标的检测，评估施工活动对人类健康的影响。人体健康监测有助于了解施工活动产生的污染物对人体健康的危害程度，为制订相应的防护措施提供科学依据。人体健康监测方法主要包括以下几个方面。

（1）临床检查：对施工现场工作人员进行定期体检，观察其健康状况的变化，从而评估施工活动对人类健康的影响。临床检查主要包括内科、外科、耳鼻喉科、眼科等专科检查。

（2）生物监测：生物监测是通过检测人体内污染物含量，评估施工活动对人类健康的影响。生物监测指标包括尿、血、头发、指甲等生物样本中的有害物质浓度。

（3）生理和生化指标检测：对施工现场工作人员的生理和生化指标进行检测，如血压、心率、肺功能、肝功能、肾功能等，评估施工活动对人体健康的影响。

（4）问卷调查：收集施工现场工作人员的生活习惯、健康状况、自觉症状等信息，分析施工活动对人体健康的影响。问卷调查可以帮助了解污染物对人体健康的潜在危害，并为制订相应的防护措施提供依据。

（5）环境监测：对施工区域及其周边环境进行监测，了解污染物浓度、分布规律等，为评估施工安全对人类健康的影响提供数据支持。

通过对生态和人体健康的综合监测，可以全面了解施工安全对生态环境和人类健康的影响，为环境保护、健康管理和社会可持续发展提供科学依据。在施工过程中，应充分发挥生物监测法的作用，确保施工安全、生态保护和人类健康之间的平衡。

第七章 岩土工程质量安全事故分析与处理

>> 第一节 边坡与基坑工程

一、边坡工程质量安全事故分析与处理

（一）边坡工程质量安全事故类型及原因

1. 安全事故类型

（1）边坡滑坡

边坡滑坡是边坡工程中最为常见的一种质量安全事故，指边坡土体在内外力作用下，沿一定的滑动面发生整体或部分向下滑动。边坡滑坡不仅会对工程造成严重的影响，还可能引发人员伤亡和财产损失。边坡滑坡的原因主要包括以下几个方面。

（1）地质条件不良：边坡所在地的地质条件是决定边坡稳定性的重要因素。地质条件不良，如地层软弱、土体饱和、岩层倾向与边坡倾向一致等，容易导致边坡滑坡。

（2）设计不合理：边坡工程设计中，如果边坡坡度、边坡高度、加固措施等设计参数不合理，或是未考虑地质条件、气候因素等，都将增大边坡滑坡的风险。

（3）施工不当：边坡工程施工过程中，未严格按照设计要求和规范进行施工，如未进行有效的加固措施等，都可能导致边坡滑坡。

（4）外部因素：边坡工程所处的环境因素，如降雨、地震、施工震动等，也可能引发边坡滑坡。

（5）监测不到位：边坡滑坡的发生往往伴随着一系列的前兆现象，如裂缝、沉降等。如果监测不到位，无法及时发现这些前兆现象，就会延误防治时机，导致边坡滑坡的发生。

边坡滑坡的防治措施主要包括：优化设计、严格施工管理、加强监测、提高工程材料质量等。实施这些措施，可以有效降低边坡滑坡的发生概率。

（2）边坡坍塌

边坡坍塌指边坡在施工或运行过程中，因各种原因导致边坡整体或局部失去稳定

性。边坡坍塌对工程安全、生态环境和人民群众生命财产安全构成严重威胁。边坡坍塌的主要原因如下。

（1）土体自身稳定性差：边坡所处的地质条件、土体性质等是影响边坡稳定性的重要因素。土体自身稳定性差，容易导致边坡坍塌。

（2）施工质量问题：边坡工程施工过程中，土方开挖不当、支护结构施工不规范、回填土质量不合格等，都可能导致边坡坍塌。

（3）排水不畅：边坡工程中，排水设施设计不合理、施工质量差或运行维护不到位等，都可能导致边坡坍塌。

（4）工程材料不合格：边坡工程中所使用的材料，如土方、水泥、钢筋等，如果质量不合格，会影响边坡的整体稳定性，进而导致坍塌。

为防止边坡坍塌，应采取以下防治措施：提高工程设计质量、加强施工管理、确保排水设施畅通、提高工程材料质量、加强监测等。

2. 安全事故原因

（1）工程材料不合格

工程材料不合格是边坡工程质量安全事故的一个重要原因。边坡工程的稳定性和安全性很大程度上取决于所使用的工程材料，如果工程材料质量不合格，将严重影响边坡工程的质量和安全。工程材料不合格的主要原因如下。

（1）采购环节问题：边坡工程中所使用的材料，如土方、水泥、钢筋等。如果在采购环节出现问题，如采购假冒伪劣产品、未按照设计要求采购等，会导致工程材料不合格。

（2）储存和运输问题：工程材料在储存和运输过程中，如保管条件不当、运输过程中受到损坏等，也会导致质量下降。

（3）施工操作不当：在边坡工程施工过程中，施工操作不规范、施工工艺不合理等，会使工程材料的性能发生变化，从而影响工程质量。

（4）检测手段不完善：边坡工程材料的检测是确保工程质量的关键环节，如果检测手段不完善，无法及时发现不合格材料，就会导致工程质量安全事故。

（2）施工技术不当

边坡工程质量安全事故中，施工技术不当是一个重要的原因。施工技术的不当体现在多个方面，包括但不限于以下几个方面。

（1）施工人员技术水平不高。在边坡工程中，施工人员是直接参与工程建设的主体，他们的技术水平直接影响到工程质量。部分施工人员由于自身技术水平有限，对边坡工程的理解和掌握不足，导致施工过程中出现问题。

（2）施工方法不正确。边坡工程具有复杂性、高风险性，施工方法直接关系到工程的安全和质量。施工方法不当可能导致出现边坡稳定性受损、土壤侵蚀、裂缝等问题。

（3）施工过程中对材料的选择和使用不当。边坡工程中，材料的选择和使用至关重要。如果对材料质量把关不严，或者选用了不适合的材料，都可能导致边坡工程的稳定性降低，从而引发安全事故。

此外，施工过程中的安全管理不到位。边坡工程安全管理是确保工程顺利进行的关键。安全管理不到位容易导致施工现场混乱，施工人员安全意识淡薄会增加安全事故发生的风险。

（3）监测不到位

边坡工程质量安全事故的另一个重要原因是监测不到位。监测是边坡工程安全管理的重要组成部分。对工程状况进行实时监测，可以及时发现边坡工程的隐患，为防范事故提供依据。监测不到位主要表现在以下几个方面。

（1）监测设备不完善。边坡工程监测需要先进的设备和技术支持。如果监测设备落后，无法准确、实时地反映边坡工程的状况，容易导致安全隐患无法及时发现。

（2）监测频率不足。边坡工程监测应定期进行，以确保工程安全。如果监测频率不足，可能导致安全隐患在短时间内扩大，增加事故风险。

（3）监测数据处理和分析不当。监测数据是判断边坡工程安全性的重要依据，对监测数据的处理和分析至关重要。如果数据处理和分析不当，可能导致安全隐患被忽视，从而引发事故。

（二）边坡工程质量安全事故处理方法及问题解决

1. 安全事故处理方法
（1）边坡滑坡处理方法

预防措施：针对边坡滑坡的预防，首先要做好边坡设计的勘查工作，充分了解地质条件、土壤性质和地下水位等因素。设计时要考虑边坡的稳定性，选择合适的边坡角和排水设施。同时，施工过程中要严格按照设计要求进行，确保边坡结构的稳定性。

监测预警：通过对边坡滑坡的监测，可以及时了解边坡的稳定性状况，为事故处理提供依据。监测方法包括地面观测、地下观测、遥感监测等。一旦发现边坡滑坡的迹象，如裂缝扩展、沉降加剧等，要及时采取措施进行处理。

应急处理：当边坡滑坡发生时，首先要确保人员安全，及时撤离危险区域。然后对滑坡区域进行封闭，防止次生事故的发生。接下来，根据滑坡的严重程度和影响范围，制订相应的应急处理方案，一般包括：抗滑桩施工、锚杆加固、土钉墙加固等。

长期治理：边坡滑坡处理后，还须进行长期治理，以保障边坡的长期稳定性。治理措施包括定期监测、维护保养、排水设施完善等。此外，还要对滑坡原因进行深入分析，如地质条件、工程设计、施工质量等，以便为今后类似工程提供借鉴。

（2）边坡坍塌处理方法

紧急处理：边坡坍塌发生后，要立即采取措施防止事故扩大，如对坍塌区域进行封闭、设立警示标志、组织人员进行巡查等。

调查分析：对坍塌现场进行详细调查，分析事故原因。调查内容主要包括地质条件、工程设计、施工质量、材料等。通过分析，确定事故责任方。

制订修复方案：根据坍塌情况和调查分析结果，制订合理的修复方案。修复方案应考虑边坡稳定性、施工可行性等因素。修复方法包括清理坍塌土体、重新填筑、加强支撑结构等。

实施修复工程：按照修复方案，组织施工队伍进行修复。在修复过程中，要严格把控工程质量，确保边坡稳定性。

后期监测与维护：修复完成后，要进行长期监测和维护，以确保边坡的安全稳定。监测方法包括地面观测、地下观测等。维护内容包括排水设施完善、支撑结构检查等。

2. 安全事故问题解决

（1）不合格工程材料处理方法

材料检测：对不合格材料进行全面检测，分析不合格原因。检测内容包括力学性能、抗渗性能、密度等指标。

材料替换：对于不合格材料，要进行及时替换。选择替换材料时，要充分考虑其性能和适用性，确保替换后的材料满足工程要求。

调查分析：对材料不合格的原因进行深入调查，包括采购、运输、储存、施工等环节。找出问题所在，制订相应的预防措施，避免类似问题再次发生。

责任追究：根据调查结果，明确不合格材料的责任方。涉及违法行为的，要依法进行处理。

整改措施：针对不合格材料制订整改措施，包括加强材料检测、完善采购渠道、优化储存条件等。

教育培训：对施工人员进行教育培训，提高其对材料性能和施工规范的认识。加强施工现场管理，确保施工质量。

（2）施工技术不当的处理方法

① 培训施工人员。施工人员是边坡工程质量安全事故的关键因素，他们的技术水平和服务意识直接影响到工程的安全和质量。因此，加强施工人员的培训是预防事故发生的必要手段。培训内容应包括边坡工程的基本知识、施工技术、安全操作规程以及事故应急预案等。通过定期培训，提高施工人员的技术水平和安全意识，降低施工事故发生的概率。

② 引入新技术、新工艺。随着科技的发展，新技术、新工艺不断涌现。边坡工程企业应紧跟时代步伐，引入先进的施工技术和新工艺，以提高工程质量和安全性。引入新技术、新工艺时，要充分考虑其适应性、可靠性和经济性。在实际施工过程中，要加强对新技术、新工艺的推广和应用，以提高施工质量，降低安全事故风险。

③ 加强现场技术指导。现场技术指导是保证施工质量和安全的重要环节。边坡工程企业应建立健全现场技术指导制度，明确现场技术指导人员的职责和权限。现场技术人员要密切监测施工过程，发现问题及时予以纠正，确保施工过程符合规范要求。此外，要加强现场巡查，对施工中的关键环节和重点部位进行重点监控，确保施工安全。

④ 加强质量安全管理。边坡工程企业要建立健全质量安全管理体系，明确各部

门和人员的职责，确保质量安全管理工作的落实。同时，要制订完善的质量安全规章制度，规范施工行为，防止安全事故的发生。此外，要加强施工现场的安全防护，确保施工现场的安全文明。

⑤加强事故应急预案。边坡工程企业应制订针对性强、操作性高的事故应急预案，确保在事故发生时能迅速启动应急预案，最大限度地减少事故损失。通过定期演练和培训，提高施工人员的事故应急能力，确保工程安全。

（2）监测不到位的处理方法

①完善监测体系。边坡工程监测是确保工程安全的重要手段。建立健全监测体系，对边坡工程的稳定性、变形、地下水位等进行全面监测，有助于发现潜在的安全隐患，并及时采取措施进行处理。完善监测体系应包括以下几个方面。

①明确监测目标和内容：根据边坡工程的特点，确定监测项目，如边坡稳定性、地下水位、地质条件等。

②选择合适的监测方法：针对不同的监测项目，选择合适的监测方法，如地质雷达、测斜孔、水准测量等。

③确定监测频率：根据工程进度和监测数据变化情况，合理确定监测频率，确保监测数据的实时性和准确性。

④建立监测数据库：对监测数据进行整理、分析，建立监测数据库，为工程安全管理提供依据。

②提高监测设备。边坡工程监测设备是保证监测数据准确性的关键。提高监测设备应从以下几个方面入手。

①选用高性能、高精度的监测设备：确保监测数据的准确性和可靠性。

②定期检查和维护监测设备：确保监测设备处于良好工作状态，防止因设备故障导致监测数据失真。

③引入智能化监测技术：利用大数据、云计算等先进技术，实现监测数据的实时分析与处理，提高监测效率。

③加强监测人员培训。边坡工程监测人员是监测工作的主体。加强监测人员培训，定期组织培训，提高他们的业务水平和综合素质，对确保监测工作的质量和安全性具有重要意义。培训内容应包括监测技术、监测设备操作、监测数据处理分析等。

（三）边坡工程质量安全事故预防措施

1. 加强设计阶段管理

在事故预防措施中，加强设计阶段的管理至关重要。设计阶段是工程项目的基础，良好的设计是施工、运营阶段的坚实基础。为了确保设计阶段的质量，以下几个方面需要加强管理。

（1）建立健全设计管理制度。制订严谨的设计规范、技术标准和操作规程，明确设计单位、施工单位和监理单位的职责，确保各参与方按照相关规定开展工作。同时，加强对设计过程的监督，确保设计方案的合理性和科学性。

（2）强化设计单位的主体责任。设计单位应严格按照国家法律法规、技术规范和业主要求进行设计，确保设计文件的真实性、完整性和准确性。对于设计过程中出现的问题，要依法追究设计单位的责任。

（3）加强设计审查。审查机构应严格按照审查标对设计文件进行全面、深入的审查，确保设计方案符合法律法规和技术规范要求。对于不合格的设计文件，要坚决退回，并要求设计单位进行整改。

（4）注重设计阶段的沟通交流。通过组织设计单位、施工单位和监理单位之间的沟通协作，及时解决设计过程中出现的问题，确保各参与方对设计方案有清晰的认识和共识。同时，充分听取业主的意见和建议，提高设计方案的满意度。

（5）强化设计变更管理。在设计阶段，若因特殊情况需要进行设计变更，应严格按照相关程序进行审批。设计变更应充分考虑施工可行性、安全性和经济性，确保变更后的设计方案满足项目需求。

2. 严格把控材料检测和验收

在事故预防措施中，严格把控材料检测和验收是确保工程质量的关键。材料质量直接影响到工程的安全、耐久性和美观，因此需要加强材料检测和验收的管理。

（1）建立健全材料检测制度。制订严格的材料检测标准和方法，明确检测机构的职责和权限，确保检测结果的公正性和准确性。同时，加强对检测过程的监督，防止检测数据造假。

（2）严格把控材料验收程序。验收人员应具备丰富的专业知识和经验，对进场的材料进行全面、细致的检查，确保材料质量符合工程要求。对于不合格的材料，要坚决退场，严禁使用。

（3）加强对材料供应商的管理。对材料供应商进行严格的筛选和评价，确保其具备良好的生产质量保证体系和售后服务，同时建立长期的合作关系，以稳定材料质量。

（4）注重现场材料保管和养护。对进场的材料进行妥善保管，防止材料受潮、腐蚀、损坏等。对于特殊材料，要采取相应的养护措施，确保其性能稳定。

（5）建立健全材料追溯制度。对材料的生产、运输、验收、使用等环节进行全程监控，实现材料的来源可查、去向可追，确保工程安全。

3. 提高施工技术水平

在事故预防措施中，提高施工技术水平对于确保工程安全具有重要意义。可通过以下几个方面加强对施工技术水平的管理。

（1）加强施工人员培训。对施工人员进行系统的技术培训，提高其专业技能和安全生产意识。同时，加强对施工人员的安全教育，强化"安全第一"的思想。

（2）推行先进的施工工艺和技术。引进国内外先进的施工设备和技术，提高施工效率和质量。同时，加强对施工新技术、新工艺的研究和推广，促进施工技术水平的不断提升。

（3）建立健全施工质量管理体系。制订严格的施工质量标准和检验方法，确保施工过程中的质量控制。同时，加强对施工过程的监督检查，及时发现和整改问题。

（4）强化施工现场管理。施工现场应严格按照安全生产规定进行布置，确保现场整洁、有序。同时，加强对施工现场的安全巡查，防止安全事故的发生。

（5）加强施工过程中的沟通与协作。施工单位与设计单位、监理单位、业主单位要保持良好的沟通，确保施工方案的顺利实施。

4. 建立健全监测体系

监测设备的选用与布置：根据边坡工程的特点，选用合适的监测设备，如位移计、测斜仪、锚杆应力计等。监测设备的布置要科学合理，确保能够全面、准确地监测边坡的位移、应力、裂缝等关键参数。

监测数据的采集与分析：监测数据的真实性和准确性是确保边坡工程安全的关键。监测人员应定期采集数据，并对数据进行分析，以便及时发现边坡的异常变化。数据分析方法包括对比分析、时间序列分析、统计分析等。

监测信息的实时传递：建立监测信息传递机制，确保监测信息能及时传递给项目相关人员，以便他们能够迅速采取措施应对突发情况。

监测结果的反馈与预警：监测结果应反馈给设计、施工、监理等各方，以便他们根据监测结果调整工程方案。同时，建立预警机制，对可能出现的安全隐患进行预警，提高应对突发事故的能力。

监测体系的持续改进：根据监测实践的经验和教训，不断改进监测体系，提高监测的准确性和实时性。同时，关注国内外监测技术的发展，引进先进的监测设备和方法，提升边坡工程的安全性。

5. 加强施工现场管理

人员管理：加强对施工现场各类人员的安全培训，提高他们的安全意识和操作技能。对于关键岗位，如项目经理、技术负责人、安全员等，应选用具有丰富经验和管理能力的人员。

物料管理：严格把控施工现场的物料质量，确保使用的原材料、设备及施工工艺符合相关规范要求。对进场的物料进行严格验收，杜绝不合格物料进入现场。

施工工艺管理：加强对施工工艺的监督和控制，确保施工严格按照设计图纸和施工方案进行。对于关键工序，要制订专项施工方案，并加强现场指导。

施工现场环境管理：加强对施工现场环境的安全管理，确保现场清洁、整齐、通风良好，降低安全事故发生的概率。同时，做好施工现场的排水工作，防止雨水冲刷边坡，造成边坡稳定性降低。

应急预案与管理：制订完善的应急预案，明确事故应急处理流程、责任人和应急资源配置。定期组织应急演练，提高应对突发事故的能力。

监督检查：加强对施工现场的监督检查，及时发现安全隐患，严格按照法律法规和规范进行处罚。同时，建立激励机制，表彰安全生产先进单位和先进个人。

二、基坑工程质量安全事故分析与处理

（一）基坑工程质量安全事故分析

1. 坍塌事故

坍塌事故是基坑工程中最为严重的安全事故之一。事故发生的原因多种多样，主要有以下几种。

（1）设计缺陷：在基坑工程的设计阶段，如果对地质条件、土壤特性以及周边环境考虑不周，容易导致设计方案存在缺陷。例如，在上述东裕花园二期工程中，基坑边坡的设计未能充分考虑地质条件的复杂性，使得边坡土体在施工过程中发生突然塌方，造成严重事故。

（2）施工质量问题：施工过程中，对土方开挖、基坑支护、模板安装等环节的质量控制不严，也可能导致坍塌事故的发生。例如，在东裕花园二期工程中，基坑南侧侧壁土体突然塌方，说明施工过程中对边坡稳定性的控制不够到位。

（3）违反施工规程：施工过程中，如果不严格按照相关规程和规范进行操作，容易引发安全事故。例如，在基坑施工中，未按照规定进行基坑边坡的加固处理，导致事故发生。

（4）监测不到位：对于基坑工程而言，及时、准确的监测是保证施工安全的重要手段。如果监测不到位，无法及时发现潜在的安全隐患，事故发生的风险将大大增加。

（5）自然灾害：自然灾害如暴雨、洪水等，也可能导致基坑坍塌事故的发生。例如，在暴雨天气，基坑周边土壤饱和，土体稳定性降低，容易引发坍塌事故。

（6）周边环境变化：基坑周边环境的变化，如地下管线破裂、道路沉降等，也可能对基坑稳定性产生影响，进而导致坍塌事故。

2. 渗水、涌水事故

（1）地质条件：地质条件复杂，地下水位较高，导致基坑施工过程中容易发生渗水、涌水事故。如在东裕花园二期工程中，对事故发生区域地质条件的描述中提到淤泥层厚度较大，分布稳定，为高压缩性土，均匀性较差，工程地质性能差，这说明地下水位较高，施工过程中容易发生渗水、涌水事故。

（2）设计缺陷：设计方案未能充分考虑地下水位、排水设施等因素，导致基坑施工过程中出现渗水、涌水事故。

（3）施工质量问题：施工过程中，对防水、排水设施的质量控制不严，使得渗水、涌水事故发生的风险增加，如基坑防水材料质量不合格、施工缝处理不当等。

（4）监测不到位：监测过程中，未能及时发现渗水、涌水现象，导致事故发生。

（5）应急处理不当：在渗水、涌水事故发生时，相关单位应急处理不及时、不得当，可能导致事故扩大。

3. 土体位移事故

在基坑工程中，土体位移事故是一种常见的质量安全事故。土体位移是指基坑周边土体在挖掘过程中发生的位移或变形，这种事故往往会对周围环境产生不良影响，甚至可能导致周边建筑物、道路等设施的破坏，给工程带来严重的损失。

土体位移事故的发生原因多种多样，主要包括以下几个方面。

（1）土体性质：土体的性质是影响土体位移事故的重要因素。不同类型的土壤在挖掘过程中产生的位移程度和规律各异。例如，黏性土在挖掘过程中容易产生较大的位移，而砂土在相同条件下位移较小。

（2）挖掘深度：随着挖掘深度的增加，土体所承受的荷载也在不断增大，导致土体位移的可能性增加。因此，挖掘深度较浅的基坑事故率相对较低，而挖掘深度较大的基坑事故率则明显提高。

（3）支护措施：合理的支护措施是防止土体位移事故的关键。支护结构的强度、刚度和稳定性直接影响到土体位移的程度。若支护结构设计不合理或施工质量较差，将无法有效限制土体的位移，进而导致事故的发生。

（4）施工工艺：施工过程中，挖掘、降水、土方开挖等工艺不合理也会加剧土体位移。例如，在挖掘过程中，若未采取分段、分层、对称的开挖方式，容易导致土体应力分布不均，进而引发位移事故。

（5）环境因素：周边环境对土体位移事故也具有一定的影响。例如，邻近的建筑物、道路、地下管线等设施在挖掘过程中容易受到土体位移的影响，进而导致安全事故。

4. 支护结构破坏事故

支护结构破坏事故是基坑工程中另一种严重的质量安全事故。支护结构在挖掘过程中承受着土体的侧压力和地下水压力，一旦支护结构发生破坏，将导致基坑周边土体失去支撑，就可能引发基坑坍塌、土体滑坡等严重事故，对周围环境和人身安全造成极大威胁。支护结构破坏事故的主要原因如下。

（1）设计问题：支护结构设计不合理是导致破坏事故的重要原因。设计中，结构类型选择不当、设计参数不准确、考虑因素不全面等，均可能导致支护结构在施工过程中承受超过其承载力的荷载，从而引发破坏事故。

（2）材料问题：支护结构所使用的材料质量直接关系到结构的稳定性。若材料强度不足、劣质或施工过程中存在偷工减料现象，将导致支护结构承载能力降低，容易发生破坏事故。

（3）施工问题：施工过程中，支护结构的施工质量对事故发生具有关键影响。例如，支护桩垂直度不符合要求、混凝土强度不足、土方开挖速度过快等，都可能导致支护结构破坏。

（4）地下水问题：地下水对支护结构的影响不容忽视。地下水位波动、潜水侵蚀、土体含水量变化等均可能导致支护结构破坏。

（5）周围环境因素：周边建筑物、道路、地下管线等设施对支护结构也具有一定的影响。例如，临近基坑的建筑物基础深度不足，可能导致支护结构承受过大的荷载，进而引发事故。

（二）基坑工程质量安全事故处理

1. 坍塌事故处理方法

坍塌事故是基坑工程质量安全事故中最为严重的，一旦发生，不仅可能导致人员伤亡，还会对周边环境造成严重影响。

及时救援：在坍塌事故发生后，首要任务是救援被困人员。相关部门应迅速组织救援队伍，制订救援计划，确保救援工作的顺利进行。同时，对坍塌现场进行严密监控，防止二次事故的发生。

防止事态扩大：坍塌事故处理过程中，要采取有效措施防止事态进一步扩大。对坍塌现场进行严密封闭，设立安全警戒线，防止无关人员进入现场。对周边建筑物、道路等进行检测，确保其安全状况，必要时采取加固措施。

事故调查与分析：组织专家对事故现场进行调查和分析，找出事故原因，明确责任方。调查内容包括施工方案、施工记录、现场管理、材料质量等。根据调查结果，对事故责任人进行严肃处理，确保事故责任人承担相应责任。

清理现场：在确保现场安全的前提下，对坍塌现场进行清理。清理过程中要遵循相关规定，确保现场环境得到有效整治。清理完成后，对现场进行复查，确保不存在安全隐患。

制订修复方案：根据事故分析结果，制订合理的修复方案。修复方案应包括坍塌基坑的加固、周边环境的整治、受损建筑物的修复等。修复过程中要严格按照方案进行，确保工程质量安全。

2. 渗水、涌水事故处理方法

制订排水方案：根据现场实际情况，制订合理的排水方案。排水方案应考虑排水系统的布置、排水设备的选用、排水速度的控制等因素，确保排水过程中不会对周边环境造成影响。

加强监测：在排水过程中，要对水位、排水量、周边建筑物等进行实时监测，确保排水效果和安全性。一旦发现异常情况，要及时调整排水方案，确保事故处理顺利进行。

围堰加固：对渗水、涌水事故现场进行围堰加固，以防止事故扩大。围堰加固材料可选用钢筋混凝土、土工布等，根据现场实际情况选择合适的加固方案。

降水处理：针对涌水事故，可采用降水措施，如井点降水、喷射降水等。降水过程中要密切关注水位变化，确保降水效果和安全性。

堵水处理：对于渗水、涌水事故，可采用堵水材料对渗水、涌水部位进行封堵。堵水材料可选用聚氨酯、水泥浆等，封堵过程中要确保材料性能和施工质量。

3. 土体位移事故处理

① 原因分析：首先要对事故原因进行深入分析，包括地质条件、工程设计、施

工方法、材料质量、施工质量等。例如，地质条件复杂、地基承载力不足、土层松散、排水不畅等可能导致土体位移；设计方案不合理、施工不当、监测不到位等也是引发事故的重要原因。

② 应急处理：在事故发生后，要及时采取措施防止事故扩大。如对位移较大的土体进行加固，设置临时支撑、锚杆等；对位移较小的土体，加强观测，密切关注其发展趋势，必要时采取加固措施。

③ 整改措施：根据事故原因分析，对基坑工程进行整改。主要包括优化设计方案、改进施工方法、提高材料质量、加强施工质量控制等。此外，还须完善监测体系，确保监测数据的准确性和及时性，为施工安全提供有力保障。

④ 预防措施：一是优化设计方案，确保支护结构的安全性和稳定性；二是严格把控材料质量，确保施工质量；三是建立健全监测体系，及时发现并处理安全隐患。

4. 支护结构破坏事故处理

① 原因分析：对事故原因进行深入分析，包括设计方案问题、施工质量问题、材料质量问题、地下水影响、地质条件等。例如，设计方案不合理、施工不当、材料质量不合格等，都可能导致支护结构的破坏。

② 应急处理：支护结构破坏事故发生后，要及时采取措施防止事故继续发展。如对破坏的支护结构进行修复或重新搭建，确保基坑周边环境的安全；对存在安全隐患的部位加强支撑或设置锚杆等。

③ 整改措施：根据事故原因分析，对基坑工程进行整改。主要包括调整设计方案、加强施工质量控制、提高材料质量等。此外，还须加强施工现场管理，确保施工过程中的安全。

第二节　隧道工程

隧道工程具有地质条件复杂、施工难度大、技术要求高等特点，因此质量安全事故的发生概率较高。这些事故可能导致严重的生命财产损失和社会影响，因此对隧道工程质量安全事故进行深入分析和处理具有重要意义。

一、隧道工程质量安全事故原因分析

（一）地质条件

隧道工程所在地的地质条件是影响隧道施工安全的关键因素，其复杂性和多变性往往直接决定了工程的风险和难度。其中，不良的地质构造、软弱围岩以及地下水，是引发隧道工程质量安全事故的主要元凶。

不良的地质构造，如断层、节理、褶皱等，破坏了岩体的完整性，使得岩体在应

力作用下容易失稳。当隧道穿越这些不良地质构造时，如果设计或施工不当，就很可能导致隧道的坍塌。

（二）设计缺陷

隧道工程设计的合理性和完善性直接关系到隧道的稳定性和安全性，实践中往往因为设计不足而引发各种质量安全事故。其中，支护结构设计和排水系统设计是两个尤为关键的方面。

支护结构是保障隧道稳定的重要组成部分，但如若设计不合理，很可能导致隧道在施工过程中或运营后失稳。例如，若支护结构的强度和刚度不足，难以抵挡围岩的压力，或者支护结构的布置和形式选择不当，不能适应地质条件的变化，都可能造成隧道的坍塌或变形。

排水系统对于隧道的安全同样至关重要。如果排水系统设计不完善，很可能导致地下水在隧道内积聚，不仅增加了隧道的湿度，还可能对围岩产生软化作用，降低其承载能力。更严重的是，不完善的排水系统可能引发突水、涌泥等灾害，对隧道结构和运营安全构成严重威胁。

为了避免因设计不足而引发的事故，设计师在进行隧道工程设计时，必须充分考虑地质条件、施工方法和运营要求等多方面因素。支护结构的设计应进行详细的力学分析和稳定性验算，确保其能够适应各种工况和地质条件的变化；排水系统的设计则应充分考虑地下水的来源、流量和排放路径，确保隧道干燥、安全。

（三）施工质量

施工过程中的质量控制对于隧道工程的安全具有决定性意义。实践中，由于各种原因，施工质量可能偏离设计要求，从而埋下安全隐患。其中，施工管理和技术水平是两个不容忽视的关键因素。

施工管理涉及人员调配、材料采购、设备使用等多个方面。若管理不善，如使用劣质材料、设备维护不当或人员操作不规范，都可能直接影响施工质量。例如，隧道掘进过程中，若施工参数控制不严格，可能导致超挖或欠挖，进而影响支护结构的效果和隧道的稳定性。

另一方面，技术水平不足同样会对施工质量造成严重影响。隧道施工涉及多个专业领域的知识和技能，如围岩分类、支护结构设计、排水系统设计等，若施工人员缺乏必要的技术培训和实践经验，则难以确保施工活动符合设计要求。例如，在不良地质条件下施工时，若技术人员不能准确判断围岩的稳定性，可能导致支护结构的设计和施工出现问题，从而引发隧道坍塌等事故。

二、隧道工程质量安全事故处理措施

（一）加强地质勘查

在隧道工程前期，地质勘查如同医生对病人进行初步诊断，其细致程度直接关系到隧道工程的安全与质量。

专业的地质团队需要深入工程所在地，利用各种先进的技术手段，如地质雷达、钻探和地球物理探测等，对工程所在地的地质条件进行详细勘查。他们的工作目标是充分了解并评估地质构造、围岩性质、地下水状况，以及可能存在的地质灾害风险等信息。

这一过程中，团队会遇到各种挑战。例如，复杂的地质构造可能使得数据解读变得困难，而某些地区的不良地质条件，如软弱围岩或高地下水位，可能增加隧道施工的风险。因此，地质团队需要具备丰富的经验和专业知识，能够准确识别并评估这些潜在风险，为后续的设计和施工提供可靠依据。

此外，为了更好地了解地质状况，团队还需要采集大量的岩石和土壤样本进行实验室测试。这些测试可以为工程师提供更加详细和准确的地质参数，帮助他们在设计阶段选择合适的隧道断面形状、支护结构和施工方法等。

经过深入的地质勘查和细致的数据分析，地质团队将形成一份全面的地质报告，这份报告将成为隧道工程设计和施工的重要依据，不仅能够指导工程师避开潜在的地质风险，还可以为他们提供关于如何优化设计和施工方案的有价值建议。

总而言之，地质勘查为隧道工程的安全性和经济性奠定了坚实的基础，它的重要性不容忽视。

（二）强化施工管理

地质勘查所得的大量数据和信息为隧道工程设计提供了宝贵依据。设计师须结合工程实际，深入分析这些数据，以合理选取支护结构类型和排水系统设计方案。

支护结构是保障隧道稳定的关键。根据不同的地质条件和隧道断面形状，设计师须综合考虑各种因素，如围岩压力、地下水状况等，来选择适当的支护结构类型。例如，在软弱围岩或高地下水位地区，可能需要采用更强大的支护结构，如钢筋混凝土拱架或预应力锚索等，以确保隧道的稳定。

排水系统设计同样重要。隧道中的地下水若不能及时排出，则可能导致隧道内部压力过大，甚至引发涌水、坍塌等事故。设计师须根据地质勘查结果，预测隧道施工和运营过程中可能的水文地质条件变化，制订相应的排水系统设计方案，包括选择合适的排水设备、确定合理的排水路径以及设置必要的防水层等。

在这一过程中，数值模拟和现代计算机技术也发挥着重要作用。设计师可利用这些先进技术对不同的支护结构和排水系统设计方案进行模拟分析，预测其在实际工程中的性能，从而优化设计方案，确保隧道工程的稳定性和安全性。

（三）设备维护与更新

隧道工程施工阶段的安全性和质量保障至关重要，因此，建立健全施工管理制度和质量控制体系显得尤为重要。这不仅关乎工程效益和社会责任，更涉及施工人员的生命安全。

一套完整的施工管理制度应明确各项管理职责和工作流程，规范施工过程中的各项操作，确保每一项施工活动都有章可循。从材料采购、设备使用到人员调配，都需要有明确的制度规范。这不仅可以提高施工效率，更能减少因为管理不善带来的安全隐患。

质量控制体系是确保隧道工程质量的关键。该体系应包括材料质量检测、施工过程监控、成品验收等多个环节。引入现代化的检测设备和手段，结合专业的质量控制人员，可以实现对隧道工程施工质量的全方位、全过程监控。

加强施工现场的安全管理也是不容忽视的一环。施工现场往往存在多种安全隐患，如机械伤害、高空坠落、火灾等。为了保障施工人员的生命安全，必须建立完善的安全管理制度，进行定期的安全培训，并配备必要的安全设施。

为了确保施工活动真正符合设计要求和质量标准，还需要引入第三方的监督和检查机制。这包括但不限于聘请专业的监理单位进行监理，接受政府和相关部门的质量和安全检查等。

（四）应急预案制订

隧道工程由于其复杂性和不确定性，可能发生各种质量安全事故。为了减少这些事故带来的损失和影响，制订完善的应急预案显得尤为重要。

应急预案的制订应基于风险识别和评估的结果，明确可能面临的事故类型和严重程度，针对不同的事故情景，制订具体的应急措施和操作步骤。

在应急组织中，应明确各个部门和人员的职责与权限，确保在紧急情况下能够迅速形成有效的应急响应团队，包括指定专门的应急指挥人员负责协调各方面的资源和信息，作出及时的决策等。

通信联络是应急响应中的关键环节。隧道工程现场环境复杂，可能存在通信障碍。因此，应急预案中应明确备用的通信手段和联络渠道，确保在常规通信手段失效时，仍能保持现场与外界的有效沟通。

现场处置方面，应急预案应提供具体的操作步骤和处置方案。这包括但不限于事故现场的封锁、伤员的救治与撤离、火源的控制等。此外，还应考虑到可能的次生灾害，并制订相应的防范措施。

为了确保应急预案的有效实施，定期的演练和培训是必不可少的。通过模拟真实的事故场景，可以检验应急预案的可行性和实用性，同时也能提高应急响应团队的反应速度和处置能力。

>> 第三节　地基工程

一、地基工程质量安全事故原因分析

（一）地质勘查问题

地基工程事故与地质问题的关联性是不可忽视的。实践多次证明，不良的地质构造、软弱围岩以及地下水条件是此类工程事故的主要诱因。为此，地质勘查作为工程前期的重要环节，其准确性和详细程度对地基工程的安全性具有至关重要的影响。

首先，不良的地质构造，如断层、节理和褶皱，往往导致岩体失去其完整性并在外部应力作用下变得不稳定。当地基工程遭遇此类地质构造而未得到妥善处理时，很可能会发生隧道坍塌或其他结构失稳的情况。因此，对于这类地质构造的准确识别和评估是预防事故的首要任务。

其次，软弱围岩具有低强度、高变形和大孔隙等特点，使得隧道在施工过程中容易出现大变形、坍塌。这种围岩遇水会进一步软化，从而降低其工程性质并加剧工程风险。因此，在设计和施工过程中，必须对软弱围岩给予足够的重视，并采取有效的措施来确保其稳定性。

最后，地下水是地基工程中的另一大隐患。它不仅可能导致围岩的软化、冲刷和溶解，还可能引发突水、涌泥等灾害。特别是在富含地下水的地层中进行施工时，如果排水系统设计不当或施工措施不力，就很可能导致严重的水害事故。因此，对地下水情况进行准确勘查和评估，设计合理的排水系统等，都是确保地基工程安全性的关键。

（二）设计问题

地基工程设计的合理性和完善性对工程的稳定性与安全性起到至关重要的作用，在实践中，常常因为支护结构设计不合理、排水系统不完善等设计上的不足，导致工程面临各种风险。

首先，支护结构是保障地基工程稳定的重要组成部分，其设计合理性直接关系到工程的质量。如若支护结构设计不当，例如其强度和刚度不足以抵挡围岩的压力，或者其布置和形式未能适应地质条件的变化，都可能导致隧道或其他地下结构的失稳或变形。这不仅影响了工程的正常使用，更可能对人员生命和财产安全构成威胁。

其次，排水系统在地基工程中的作用同样不容忽视。一个完善的排水系统可以有效地降低地下水位，防止水害事故的发生。然而，若排水系统设计不完善，例如忽略了某些水源、低估了地下水的流量或未能合理设置排放路径，都可能导致地下水在工程内部积聚，进而引发一系列的问题。

最后，设计师还应与施工方保持紧密的沟通与合作，确保设计意图得到准确传达并得到有效实施。同时，施工过程中的设计变更也应及时与设计方进行沟通，确保所有的设计变更都经过了充分的评估和论证。

（三）施工管理问题

施工过程中的质量控制是地基工程安全性的核心环节。但在实际操作中，施工管理的不善或技术水平的不足，都有可能使施工质量偏离原定的设计要求，进而埋下事故的隐患。这充分凸显了施工管理水平和技术能力在工程安全性中的重要作用。

施工管理涉及工程的各个环节，包括人员调配、材料采购、设备使用等。若管理不善，如使用了质量不达标的材料、设备没有得到及时维护、操作没有严格按照规范进行等，都可能对施工质量造成直接影响。以隧道工程为例，如果施工参数没有得到严格控制，可能会导致隧道的超挖或欠挖，进而影响支护结构的稳定性，威胁整体工程的安全。

而技术水平不足同样会对地基工程的施工质量产生深远影响。地基工程施工涉及多个学科的知识和技能，如地质学、土力学、结构力学等。若施工人员缺乏必要的技术培训和实践经验，则很难准确理解和执行设计要求。例如，在遭遇不良地质条件时，如果技术人员不能准确判断并采取相应的技术措施，就可能导致工程的结构性损伤或失稳，进而引发严重的事故。

为了确保地基工程的施工质量符合设计要求，必须强化施工过程中的质量控制。这包括但不限于：建立完善的施工管理制度和质量控制体系，明确各个环节的质量标准和责任；加强技术人员的培训和实践，提高他们的技术水平和实践能力；引入先进的质量检测设备和手段，对施工质量进行全方位、全过程的监控和管理。

二、地基工程质量安全事故处理

（一）应急预案

针对地基工程质量安全事故的潜在风险，制订一套完善的应急预案至关重要。此类预案应覆盖应急组织、通信联络、现场处置等多个层面，以确保迅速、有序、有效地应对紧急情况。

首先，应急组织是应急预案的核心。必须明确一个专门的应急管理团队，负责全面协调和指导应急工作。该团队应具备丰富的专业知识和实践经验，能够迅速判断事故的性质、规模和潜在影响，并据此作出相应的决策。

其次，通信联络在紧急情况下尤为关键。预案中应详细规定通信的方式、手段和路径，确保在事故发生时，各相关方之间能够迅速建立有效的通信渠道，实现信息的实时共享，以便协同作战。这既包括现场人员与应急管理团队之间的通信，也包括与外部救援机构、政府部门等的联络。

再次，现场处置是应急预案中最为直接和关键的一环。针对不同类型的事故，应制订具体的处置流程和操作指南。例如，在隧道坍塌事故中，可能需要迅速撤离人员、设立安全警戒区、调用专业救援队伍等。每一个步骤都应有明确的责任人和执行标准，以确保处置工作的迅速和有效。

最后，应急预案还应强调培训和演练的重要性。定期的培训和演练，可以让相关人员熟悉应急流程和操作，提高应急响应的速度和效率。同时，这也是检验应急预案的有效性和实用性的重要手段。

（二）加固和补救措施

对于已经出现稳定性问题的地基工程，单纯的观察和等待不是解决之道，加固和补救措施显得尤为关键。这些措施旨在针对工程的具体问题，进行有针对性的干预和修复，从而恢复或增强其原有的稳定性。

加固措施主要是为了增强工程结构的承载能力和稳定性。以隧道为例，若其围岩出现了大变形或不稳定的迹象，可以考虑增加支护结构。这种支护结构可以是临时的，也可以是永久的，具体取决于工程的需要和地质条件。例如，可以采用喷射混凝土、钢拱架、锚杆等方式进行加固，提高围岩的自稳能力和承载能力。

而补救措施则更多地关注工程损伤后的修复和功能的恢复。如排水系统的损坏往往会导致地下水的积聚，从而加速工程的失稳。在这种情况下，修复损坏的排水系统成为当务之急。这不仅涉及排水路径的清理和修复，可能还需要对排水系统进行扩容或改造，确保其能够满足工程排水的需求。除此之外，对于由涌水引起的问题，可以考虑采用注浆、封堵等技术手段进行治理，切断水源，确保工程的安全。

值得一提的是，任何加固和补救措施都应在详细的工程评估和设计之后进行。这种评估和设计应全面考虑工程的地质条件、损伤程度、使用功能等多方面因素，确保所采用的措施是合适和有效的。同时，施工过程中也应进行严格的质量控制，确保施工活动不会对工程造成二次损伤。

（三）质量检测与监控

在地基工程施工阶段，质量管理的重要性不容忽视。为了确保工程的高质量和安全性，应当引入先进的质量检测手段和设备，实施全面、全程的质量监控和管理，从而确保每一项施工活动都严格遵循设计要求进行。

现代化的质量检测手段和设备在地基工程中的应用具有显著优势。例如，无损检测技术、激光扫描、智能传感器等，可以对工程结构、材料以及施工过程中的各项参数进行准确、快速的检测。这不仅能够实时掌握工程的施工质量，还可以及时发现存在的质量隐患，为采取有效的补救措施提供有力的支持。

全方位的质量监控意味着从工程的立项、设计到施工、验收等各个环节都应纳入质量管理的范畴。无论是材料的采购、设备的选择，还是施工工艺的制订、现场操作的执行，都需要进行严格的质量控制。这要求建立一个完善的质量管理体系，明确各个环节的质量标准和检测方法，确保每一个环节都符合规定的要求。

　　而全过程的质量管理，则强调对施工过程中的各项活动和变化进行持续的跟踪和管理，包括但不限于对施工现场的日常巡查、对关键施工环节的专项检查、对施工过程中出现的问题进行及时的分析和处理等。这种方式可以确保施工过程中的所有问题都能够得到及时、有效的解决，从而避免质量问题的积累和扩大。

　　此外，实施全面、全程的质量监控和管理还需要建立一个高效的信息反馈机制，包括对质量检测数据的实时收集、分析和处理，对质量问题的及时上报和跟踪，以及对质量管理效果的定期评估和改进。这种方式可以形成一个闭合的管理循环，不断地优化质量管理的方法和效果。

第八章 岩土工程施工安全管理控制

》》第一节 岩土工程施工安全管理控制重要性

一、保证施工安全

安全管理控制在岩土工程施工中占据至关重要的地位，其核心目标是确保施工现场的安全，并有效地降低施工事故的发生率。为实现这一目标，全面的安全检查和风险评估成为不可或缺的手段。通过对施工环境、设备、操作流程等进行深入细致的检查，专业安全管理人员能够识别出潜在的安全隐患。

这些安全隐患可能包括但不限于施工设备的缺陷、地质条件的复杂变化以及施工人员的不规范操作等。这些隐患如果得不到及时的处理，就有可能转化为实际的安全事故，对施工人员的生命安全和身体健康构成严重威胁。

全面的安全检查不仅要求对施工现场进行目视检查，更需要运用先进的技术手段和设备进行深入检测。例如，地质雷达、激光扫描仪等先进设备可以帮助管理人员更准确地了解施工现场的地质状况和结构特点，从而预判可能的安全风险。

风险评估是对已经识别出的安全隐患进行量化和定性分析，预测其可能带来的后果，并为制订应对措施提供科学依据。这种评估不仅考虑隐患的性质和严重程度，还综合考虑施工进度、成本等因素，确保应对措施既有效又可行。

通过这样全面的安全检查和风险评估，管理人员能够及时发现并解决存在的安全隐患，从而大大降低施工事故的发生率。这不仅保障了施工人员的生命安全和身体健康，也为工程的顺利进行提供了有力保障。

二、提高施工质量

安全管理控制在岩土工程施工中起到了重要作用，其首要任务就是规范施工流程，以确保施工活动严格按照设计要求和质量标准进行。规范施工流程，不仅是对施工活动的单纯约束，还能通过一系列的监控和管理手段，确保施工质量的稳定和持续提升。

严格监控施工质量是安全管理控制的核心内容之一，包括对施工现场进行定期和不定期的检查，对施工材料和设备进行质量抽检，以及对关键施工环节进行专项的质量验收等。通过这些手段，相关人员可以及时发现施工中存在的质量问题，如施工工艺的不规范、材料的不合格等，并采取有效的纠正措施，防止问题进一步扩大。

此外，安全管理控制还强调对施工流程的持续改进。对施工过程中出现的问题进行深入的分析和总结，可以发现施工流程中存在的不足之处，从而为流程的优化提供有力的依据。这种持续改进的态度和方法不仅可以提高施工质量水平，还可以推动施工企业不断提升自身的技术和管理能力。

在这一系列的安全管理控制措施下，施工质量问题的发生率得到了有效降低，施工质量水平得到了显著提升。这不仅增强了施工企业的市场竞争力，更为工程的安全和持久使用提供了坚实保障。因此，可以说，安全管理控制在岩土工程施工中起到了至关重要的作用，是确保工程质量和安全不可或缺的一环。

三、保障工程进度

在岩土工程施工中，安全管理控制的重要性不容忽视，其关键职能之一就是确保施工能够按计划顺利进行。对施工现场实施严格的安全管理，可以显著减少因安全事故引发的工程延误和不必要的经济损失，进而为工程的按时交付使用提供有力保障。

具体而言，安全管理控制通过一系列精细化的管理措施，对施工现场进行全面的安全监控，不仅包括对施工人员的安全行为进行规范，确保他们严格遵守操作规程，还包括对施工设备和环境进行持续的安全状态监测，及时发现并消除潜在的安全风险。

此外，安全管理控制还强调对施工进度和安全管理的紧密调控，通过对施工进度进行精细化安排，并考虑到可能出现的安全风险因素，可以提前做好相应的预防和应对措施。这种前瞻性的管理方式可以大大降低因安全事故导致工程延误的可能性，从而确保施工进度能够按计划推进。

四、降低工程成本

在岩土工程施工领域，安全管理控制不仅关乎施工的安全和质量，更与工程成本密切相关。事实上，有效的安全管理控制可以显著降低工程成本，避免因安全事故导致的额外费用和损失，确保工程成本控制在预算范围内。

具体来说，通过对施工现场进行细致的安全管理，企业可以预先识别和评估各种潜在的安全风险，进而采取相应的预防和应对措施。这种前瞻性管理策略可以大大降低安全事故的发生概率，避免因事故导致的额外成本，如医疗费用、赔偿费用、工期延误罚款等。

此外，安全管理控制还通过优化施工流程和提高施工效率来降低工程成本。对施工人员进行系统的安全培训和教育，可以提高他们的安全意识和操作技能，减少因误操作或疏忽导致的安全事故和质量问题。同时，对施工设备和环境进行定期的安全检查和维护，可以确保设备的正常运转，避免因设备故障导致工程延误和支付额外的维修费用。

五、提升企业形象

安全管理控制在岩土工程施工中不仅关乎安全、质量和成本，更关系到企业的整体形象和声誉。在竞争激烈的市场环境中，企业的形象和品牌价值是核心竞争力的重要组成部分，而安全管理控制正是塑造这一形象和价值的关键因素之一。

企业重视施工现场的安全管理，实际上就是在向员工、客户和社会传递一种强烈的责任感和担当精神。企业确保施工现场的安全，避免事故发生，不仅是对员工的生命安全和身体健康负责，更是对社会和公众负责。这种责任感和担当精神可以显著提升企业在公众心目中的形象和声誉。

此外，一个能够持续、有效地进行安全管理控制的企业，也更容易获得客户和合作伙伴的信任和青睐。因为这代表了企业具有专业、系统、规范的管理模式，能够保证工程的顺利进行和高质量完成。这种信任和青睐将进一步转化为企业的市场份额和经济效益。

从品牌价值的角度来看，一个重视安全管理控制的企业实际上是在为自己的品牌积累无形资产。这种资产不仅包括了公众对企业的信任和好感，更包括了企业在行业内的权威和影响力。这将有助于企业在未来的市场竞争中占据更有利的位置，实现持续、稳健的发展。

▶▶ 第二节　岩土工程施工安全管理主要措施

一、建立完善的安全管理体系

建立完善的安全管理体系是岩土工程施工中确保安全生产、防范安全事故的关键步骤。企业需要充分认识到安全管理体系的重要性，从而通过一系列的措施和手段，确保工程在安全、有序的环境下进行。

（1）安全管理制度的制定是安全管理体系的核心。企业应依据国家相关法律法规、行业标准以及工程实际情况，制订出一套完整、科学、合理的安全管理制度。这些制度应明确安全管理的目标、原则、方法和责任，为实际的安全管理工作提供明确的指导和依据。

（2）明确安全管理职责是保证安全管理体系有效运行的前提。企业应建立健全的安全管理组织结构，明确各级管理人员和职能部门的安全管理职责和权限。职责的明确和划分，可以确保各项安全管理措施得到有效执行，避免出现管理空白或重复管理的现象。

（3）实施安全培训是提升员工安全意识、确保安全操作的重要手段。企业应定期对员工进行系统的安全培训，培训内容应涵盖安全规章制度、操作规程、应急处理等。通过培训，使员工充分认识到安全生产的重要性，掌握基本的安全操作技能，降低人为因素导致安全风险的概率。

（4）企业还应注重安全管理体系的持续改进和优化。通过对实际施工过程中出现的安全问题进行深入分析和总结，发现管理体系中存在的不足和缺陷，从而进行针对性的改进和完善。这种持续改进的态度和方法不仅可以提升企业的安全管理水平，还可以推动整个行业的安全管理进步。

（5）为确保安全管理体系得到有效执行，企业还应建立一套完善的监督机制，对安全管理制度的执行情况、安全管理职责的履行情况、安全培训的实施情况等进行定期检查和评估，确保各项安全管理措施落到实处，发挥实效。

二、强化施工现场安全检查

强化施工现场的安全检查是岩土工程施工安全管理中不可或缺的一环。为确保施工活动的平稳进行，降低潜在的安全风险，企业必须对此给予足够的重视。

定期对施工现场进行全面的安全检查是至关重要的。这种检查应该是系统性的，涵盖施工设备、施工环境和施工人员等各个方面。例如，施工设备是否处于良好的工作状态，是否存在机械故障或潜在的安全隐患；施工环境是否整洁、有序，是否存在可能导致事故的隐患，如地面湿滑、电线乱拉等；施工人员是否遵守安全操作规程，是否配备了必要的安全防护设备等。通过这种细致的检查，可以及时发现并解决施工现场存在的安全问题，从而确保施工的安全进行。

除了定期检查，不定期的抽查也是强化安全检查有效性的重要手段。抽查可以在不事先通知的情况下进行，以确保所得到的安全状况信息是真实和准确的。这种突击性的检查方式更容易发现被忽视或临时出现的安全隐患，从而及时采取措施予以消除。

此外，专项检查也是不可或缺的。针对岩土工程施工中可能出现的特定安全问题或难点，如深基坑开挖、高大模板支撑等，应进行专门的检查。这类检查需要由具有专业知识和经验的技术人员进行，以确保能够准确识别并评估潜在的安全风险。

为确保上述检查机制的有效性，企业还应建立相应的跟进和反馈机制。对于在检查中发现的安全隐患和问题，必须及时进行整改，并对整改情况进行跟踪和验证，确保问题得到彻底解决。同时，对于在检查中表现突出的部门或个人应给予表彰和奖励，以鼓励大家积极参与和支持安全检查工作。

三、加强安全教育培训

在现代建筑施工领域，加强安全教育培训已成为提高施工人员安全意识和操作技能的关键环节。应当采取系统化、全面化的方式针对施工人员进行安全教育培训，确保施工人员在遇到安全问题时能够正确应对，从而降低事故发生的风险。下文将从以下几个方面对加强安全教育培训进行探讨。

首先，安全教育培训应当包括安全规章制度的教育。施工单位应当制订完善的安全管理制度，明确各岗位的安全职责，使施工人员充分了解和掌握安全规章制度，从而提高他们的安全意识和责任感。同时，施工单位还应当制订切实可行的操作规程，确保施工人员在实际操作中能够遵循安全规定，降低事故发生的风险。其次，安全教育培训应当注重操作技能的培训。同时，施工单位还应当定期组织安全操作技能竞赛，激发施工人员学习安全操作技能的积极性，提高他们的操作水平。再次，安全教育培训应当注重应急处理能力的培养。施工单位应当制订完善的应急预案，使施工人员了解应急处理流程和应对措施。同时，施工单位还应当定期组织应急演练，提高施工人员在遇到突发事件时的应对能力。最后，安全教育培训应当注重培训效果的评估。施工单位应当建立完善的培训评估体系，对施工人员的培训效果进行定期评估，确保培训工作的有效性。同时，施工单位还应当根据评估结果，及时调整培训内容和方式。

四、实施施工安全技术措施

施工安全技术措施在中国工程建设领域中具有不可忽视的重要性。针对工程的不同特点和施工环境，必须制订详细且具有针对性的施工安全技术措施。这些措施旨在最大程度地降低施工过程中的安全风险，保障施工人员的生命安全，同时确保工程的顺利进行。

以边坡支护为例，当工程建设涉及到挖掘或填筑边坡时，必须要考虑边坡的稳定性。如果不加以支护，边坡就可能在雨水冲刷、地震或其他外力作用下发生滑坡、崩塌等灾害，对施工人员和周边居民的生命财产造成巨大危害。因此，工程师们在设计阶段就应充分考虑边坡的支护措施，如采用挡土墙、锚杆、喷射混凝土等技术手段来加固边坡，确保其稳定。

而在降水排水方面，特别是在雨季或地下水位较高的地区施工时，降水排水系统的设置就显得尤为关键。如果排水不畅，可能导致基坑积水、土壤液化等问题，严重影响施工进度，甚至引发工程事故。因此，合理的降水排水设计是必不可少的。这包括设置排水沟、集水井、降水井等，确保施工过程中的水能够及时排出，降低因水患导致的施工风险。

地下工程开挖是另一个需要特别关注的施工环节。在进行地下工程开挖时，很可能遇到各种不可预见的地质条件，如软弱夹层、溶洞、地下水等，给施工带来巨大的安全隐患。因此，在开挖前必须进行详细的地质勘查，并制订相应的安全技术措施。例如，可以采用注浆加固、钢支撑、盾构法等技术手段来确保开挖过程中的安全。

五、建立应急管理机制

建立应急管理机制在工程施工中的重要性不容忽视。为了确保在面临突发事件或紧急情况时能够迅速、有序地作出反应，最大程度地减轻潜在的损失和风险，制订全面的应急预案和明确的应急管理机制成为一项紧迫任务。

必须深入分析和评估工程中可能出现的各种潜在风险和紧急情况，进而制订相应的应急预案。这些预案不仅仅是纸面上的规划，更需要经过实际操作演练，确保其可行性和有效性。

应急组织结构是整个应急管理机制的核心。它确保了在紧急情况下，各相关部门能够迅速响应并协同工作。因此，明确各部门和人员的职责是至关重要的。预案应明确列出应急组织结构、各部门的职责、应急资源和通信方式等关键信息。每个人都应该知道自己在应急预案中的角色和责任，以便在紧急情况下能够迅速进入应急状态。

施工现场的安全警示标识和安全通道的设置也是应急管理机制中的重要一环。这些标识和通道能确保在紧急情况下，施工人员可以快速撤离危险区域。此外，定期的应急演练和培训也是必不可少的。模拟真实的紧急情况进行演练，可以让施工人员熟悉应急流程，提高其应对突发事件的能力。

当紧急情况发生时，迅速启动应急响应机制是关键。这需要施工现场的管理人员具备高度的警觉性和决策能力。与此同时，施工现场与外界的通信也必须保持畅通，以便在必要时能够迅速请求外部支援。

六、推行信息化安全管理

在当今信息化时代，推行信息化安全管理已成为提高施工现场安全管理效率和准确性的重要手段。

（1）利用安全监控系统对施工现场进行实时监控。安全监控系统可以对施工现场进行全方位、无死角的监控，及时发现并预警潜在的安全隐患。此外，安全监控系统还可以通过数据分析，对施工现场的安全状况进行实时评估，为施工单位提供科学、准确的安全管理决策信息。

（2）利用智能化管理平台对施工现场进行智能化管理。智能化管理平台可以集成施工现场的各种数据，通过数据分析和挖掘，实现对施工现场的智能化管理。例如，智能化管理平台可以对施工现场的人流、物流、信息流等进行实时监控，实现对施工现场的全方位管理。

（3）推行信息化安全管理可以提高安全管理效率，利用信息技术手段，可以实现对施工现场的实时监控和数据分析，及时发现并预警潜在的安全隐患。此外，推行信息化安全管理还可以提高安全管理决策的准确性和科学性，降低事故发生的风险。

施工单位应当充分利用信息技术手段，如安全监控系统、智能化管理平台等，对施工现场进行实时监控和数据分析，提高安全管理效率和准确性。同时，施工单位还应当注重信息化安全管理系统的维护和更新，确保其正常运行。

参 考 文 献

[1] 谢东,许传遒,丛绍运.岩土工程设计与工程安全[M].长春:吉林科学技术出版社,2019.

[2] 孙福.岩土工程勘查设计与施工[M].北京:地质出版社,1998.

[3] 唐辉明.公路高边坡岩土工程信息化设计的理论与方法[M].武汉:中国地质大学出版社,2003.

[4] 刘杰.岩土工程支护结构设计[M].杭州:浙江大学出版社,2012.

[5] 卢纳尔迪铁道部工程管理中心.隧道设计与施工:岩土控制变形分析法[M].北京:中国铁道出版社,2011.

[6] 于广柏,于政伟,辛颖.岩土工程勘查技术[M].武汉:中国地质大学出版社,2016.

[7] 张剑锋.岩土工程勘测设计手册[M].北京:水利电力出版社,1992.

[8] 曹方秀.岩土工程勘查设计与实践[M].长春:吉林科学技术出版社,2022.

[9] 王浩.岩土工程监测分析及信息化设计实践[M].北京:科学出版社,2019.

[10] 王志佳,吴祚菊,张建经.岩土工程振动台试验模型设计理论及技术[M].成都:西南交通大学出版社,2020.

[11] 杨林德,朱合华,丁文其,等.岩土工程问题安全性的预报与控制[M].北京:科学出版社,2009.

[12] 高向阳.建筑施工安全管理与技术[M].北京:化学工业出版社,2012.

[13] 郭超英,凌浩美,段鸿海.岩土工程勘查[M].北京:地质出版社,2007.

[14] 许仙娥.岩土工程勘查规范[M].郑州:黄河水利出版社,2015.

[15] 王松龄.滑坡区岩土工程勘查与整治[M].北京:中国铁道出版社,2001.

[16] 胡兆江,曹启增,邹愈.新形势下岩土工程施工安全管理研究[J].住宅与房地产,2022(13):179-181.

[17] 王陆明,徐舒灵,许钟颖.岩土工程施工安全管理研究[J].工程技术研究,2021,6(22):160-163.

[18] 刘利民,梁洪振,史雨昊,等."短平快"项目安全标准化管理的模式探讨:以岩土工程勘查为例[J].建筑安全,2020,35(12):54-56.

[19] 刘勇.城市地下空间岩土工程安全技术研究[J].建筑技术开发,2020,47(10):85-86.

[20] 路通.我国大型岩土工程施工安全风险管理研究进展[J].居业,2019(12):171.

［21］ 高巍.谈岩土工程勘查中常见问题及改进措施［J］.山西建筑,2017,43(6):94-95.

［22］ 吴昊,黄勋.基坑工程安全管理相关问题研究［J］.江西建材,2016(8):280-286.

［23］ 张全胜.基坑工程安全管理中的几个关键问题讨论［J］.建筑安全,2016,31(1):16-19.

［24］ 庞乐乐.生态系统视角下的深基坑工程安全管理研究［D］.哈尔滨:东北林业大学,2014.

［25］ 王德强,安喜坡,李晓慧,等.岩土工程钻探作业危害因素与安全管理应急措施［J］.探矿工程(岩土钻掘工程),2015,42(5):80-84.

［26］ 储华平.深基坑工程安全管理存在的问题及解决策略［J］.福建建设科技,2013(2):20-21.

［27］ 屈俊涛,李辉.浅论系统因素与矿山安全管理［J］.西部探矿工程,2011,23(12):203-205.

［28］ 王力野,田保成.加强岩土工程施工安全管理研究分析［J］.知识经济,2009(12):119.

［29］ 宁朝庆.分析岩土工程施工安全的控制的若干问题［J］.广东科技,2009(4):196-197.

［30］ 索鹏.岩土施工企业的安全生产管理［J］.西部探矿工程,2008(9):252-254.